U0163460

高等学校遥感信息工程实践与创新系列教材

# 基于深度学习的
# 遥感影像目标识别入门与实践

主　编　段延松

副主编　马盈盈

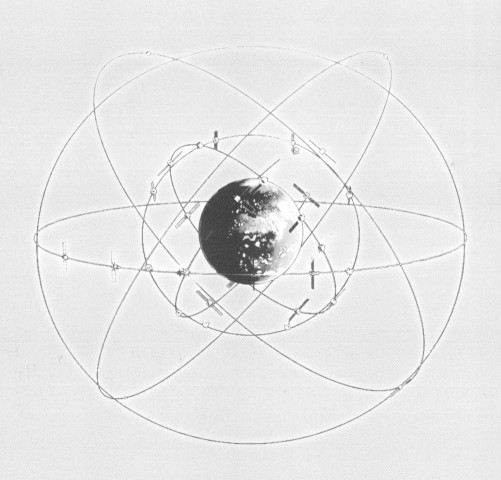

WUHAN UNIVERSITY PRESS

武汉大学出版社

**图书在版编目(CIP)数据**

基于深度学习的遥感影像目标识别入门与实践/段延松主编;马盈盈副主编. —武汉:武汉大学出版社,2023.8
高等学校遥感信息工程实践与创新系列教材
ISBN 978-7-307-23818-3

Ⅰ.基… Ⅱ.①段… ②马… Ⅲ.遥感图像—图像处理—目标检测—高等学校—教材 Ⅳ.TP751

中国国家版本馆 CIP 数据核字(2023)第 110748 号

责任编辑:杨晓露　　　责任校对:汪欣怡　　　版式设计:马　佳

出版发行:**武汉大学出版社**　　(430072　武昌　珞珈山)
(电子邮箱:cbs22@ whu.edu.cn 网址:www.wdp.com.cn)
印刷:武汉科源印刷设计有限公司
开本:787×1092　1/16　印张:14.25　字数:347 千字　插页:1
版次:2023 年 8 月第 1 版　　2023 年 8 月第 1 次印刷
ISBN 978-7-307-23818-3　　定价:49.00 元

高等学校遥感信息工程实践与创新系列教材

# 编审委员会

**顾 问** 李德仁 张祖勋

**主 任** 龚健雅

**副主任** 胡庆武 秦 昆

**委 员** （按姓氏笔画排序）

王树根 毛庆洲 方圣辉 付仲良 乐 鹏 朱国宾 巫兆聪 李四维

张永军 张鹏林 孟令奎 胡庆武 胡翔云 秦 昆 袁修孝 贾永红

龚健雅 龚 龑 雷敬炎

**秘 书** 付 波

# 序

  实践教学是理论与专业技能学习的重要环节，是开展理论和技术创新的源泉。实践与创新教学是践行"创造、创新、创业"教育的新理念，是实现"厚基础、宽口径、高素质、创新型"复合人才培养目标的关键。武汉大学遥感科学与技术类专业（遥感信息、摄影测量、地理信息工程、遥感仪器、地理国情监测、空间信息与数字技术）的人才培养一贯重视实践与创新教学环节，"以培养学生的创新意识为主，以提高学生的动手能力为本"，构建了反映现代遥感学科特点的"分阶段、多层次、广关联、全方位"的实践与创新教学课程体系，夯实学生的实践技能。

  从"卓越工程师计划"到"国家级实验教学示范中心"建设，武汉大学遥感信息工程学院十分重视学生的实验教学和创新训练环节，形成了一整套针对遥感科学与技术类不同专业方向的实践和创新教学体系、教学方法和实验室管理模式，对国内高等院校遥感科学与技术类专业的实验教学起到了引领和示范作用。

  在系统梳理武汉大学遥感科学与技术类专业多年实践与创新教学体系和方法的基础上，整合相关学科课间实习、集中实习和大学生创新实践训练资源，出版遥感信息工程实践与创新系列教材，服务于武汉大学遥感科学与技术类专业在校本科生、研究生实践教学和创新训练，并可为其他高校相关专业学生的实践与创新教学以及遥感行业相关单位和机构的人才技能实训提供实践教材资料。

  攀登科学的高峰需要我们沉下心去动手实践，科学研究需要像"工匠"般细致入微地进行实验，希望由我们组织的一批具有丰富实践与创新教学经验的教师编写的实践与创新教材，能够在培养遥感科学与技术领域拔尖创新人才和专门人才方面发挥积极作用。

龚健雅

2017 年 3 月

# 前　言

深度学习在近几年发展迅猛，特别是深度学习的应用之广泛达到了前所未有的程度。深度学习是机器学习的一种，而机器学习又是人工智能的重要组成部分。深度学习通过人工神经网络，实现了端对端的数据处理，其在图像识别、语音识别等领域发挥了重要的作用。目前关于深度学习的文章和书籍非常多，但讲述具体操作的书籍比较少。此外，随着互联网的普及，关于深度学习的博客文章、程序代码也是铺天盖地，反而让很多初学者不知道从何入手学习。本教材正是基于初学者入门难的问题编写而成。全书以初学者的角度，从基础出发，概要介绍了遥感影像处理的任务、深度学习的数学基础、神经网络基础，然后通过实践操作，详细介绍了如何利用深度学习框架实现遥感影像目标分类、目标检测和目标识别。

为了解决初学者入门难的问题，书中使用了大量配图，涉及相关资料下载页面、软件安装、运行界面、源代码编写等，通过图文并茂的方式，手把手地带领初学者体验深度学习。

本教材的内容基于编者为本科生讲授用机器学习实现遥感影像分类与识别的讲义。全书共分7章，第1章主要介绍遥感影像与深度学习的基本概念；第2章主要介绍计算机操作与GPU基础知识；第3章主要介绍深度学习的数学基础；第4章主要介绍卷积神经网络基础和基本要素；第5章简要介绍了Python语言的基本语法与使用；第6章详细介绍了PyTorch和TensorFlow两个机器学习框架的搭建方法；第7章按实践操作步骤详细介绍了影像分类LeNet网络的代码实现、影像目标检测Faster R-CNN网络的代码实现与模型训练以及影像目标识别U-Net网络的代码实现与模型训练。

本教材大部分内容由段延松编写，马盈盈参与部分内容编写，崔卫红老师对全书进行了审稿，赵新博、周琪、董杰柯对全书进行了校稿。在编写过程中，作者参考了网络博客、学位论文等资料，对这些资料的发布者及作者表示衷心的感谢。此外，特别感谢武汉大学遥感信息工程学院摄影测量课程组和实习组所有老师对实验教学改革的关心，特别感谢武汉多普云公司为本教材提供实验数据。本书中的所有代码和数据，作者放置在武汉大学数字摄影测量与计算机视觉研究中心网站（dpcv. whu. edu. cn）的下载栏目中，读者可以前往下载，也可以联系作者索要。

本书可作为普通高校遥感科学与技术、摄影测量与遥感、GIS、模式识别与智能处理等专业的实习教材，也可作为AI开发爱好者的自学入门教程。

由于作者水平有限，加之时间仓促，书中难免存在诸多不足与不妥之处，敬请读者指出。

编　者

2023年6月于武汉大学

1

# 目　　录

# 第1章 遥感技术与深度学习

## 1.1 遥感技术概述

### 1.1.1 遥感技术与遥感影像

遥感技术是 20 世纪末发展最为迅速的科学技术之一。遥感技术是指从高空或外层空间接收来自地球表层各类地物的电磁波信息，并通过对这些信息进行扫描、摄影、传输和处理，从而对地表各类地物和现象进行远距离量测和识别的现代综合技术。

任何物体都具有独特的光谱特性，具体地说，它们都具有不同程度的吸收、反射、辐射光谱的性能。即使是同一物体，在不同的时间和地点，由于太阳光照射角度不同，它们反射和吸收的光谱也各不相同。遥感技术就是根据这些原理，对物体的属性作出判断。比如，可以使用绿光、红光和红外光三种光谱波段对目标进行探测，绿光段一般用来探测地下水、岩石和土壤的特性；红光段用来探测植物生长、变化及水污染等；红外光段用来探测土地、矿产及资源。此外，还有微波段，用来探测气象云层及海底鱼群的游弋。

20 世纪，在人类进入空间时代并跨过信息时代的门槛之际，多种新型的遥感平台和探测器连续不断地在多尺度上对地球进行观测，为遥感应用研究源源不断地提供多分辨率、多谱段、多实相、大范围的遥感信息，极大地拓宽了人类的视野。卫星地面接收站接收到的原始遥感数据，受各种因素，如传感器的性能、传感器姿态的不稳定性、大气层的折射以及地形差别等的影响，使得观测的地面物体的几何特征和光谱特性发生了变化。因此，必须对原始数据进行加工处理，才能投入使用。例如，把收集和记录的原始数据转换为容易处理的数据，这项工作称为预处理。又如对影像的几何畸变进行校正，经投影转换，使之符合影像要求，在遥感数据处理工作中，这项工作称为几何校正。

遥感数据处理的目的是改善和提高数据质量，突出所需信息，并充分挖掘信息量，提高判读的精度，使遥感资料更加适于分析应用。由于原始遥感影像采集过程中受干扰噪声和几何变形等多种因素的影响，遥感应用所需的目标信息被大量无关数据淹没，目标影像发生畸变。为了从原始遥感影像中去伪存真，清晰准确地提取目标影像信息，需要进行多层次的遥感影像处理。遥感影像处理流程中涉及的遥感影像处理算法多种多样，最常见的算法有灰度变化、平滑与锐化处理、特征提取、基于内容的分类与识别等。

遥感影像几何校正是通过一组数学模型近似描述像素点和地面点的几何关系，以校正影像的畸变。其基本处理方法是将校正前的畸变影像和目标影像映射到输入影像空间 $[x, y]$ 和输出影像空间 $[u, v]$ 的网格上进行处理。

随着空间技术、计算机技术和信息技术的高速发展，以及遥感技术、遥感地质机理和遥感信息模型研究的不断深入，地球科学与现代科学技术的交叉与融合，产生了许多新的概念、理论和方法，推进了地球科学信息化的发展，形成了与地球科学、数学、物理学、计算机科学和信息科学融为一体的遥感科学与技术。遥感地学分析在建立数学模型和物理模型的基础上，向更高的智能化、综合化的方向发展。在遥感信息处理方面，在传统方法的基础上，引入了许多新的理论和方法，如小波变换、神经网络、遗传算法、分形理论、支持向量机等，完善了遥感信息提取技术体系；针对高光谱的信息处理方法也得到完善，如噪声调节变换、正交空间变换、光谱特征匹配、光谱角度填图、混合像元分解等方法被引入到多光谱信息的提取中，取得了一定的效果。

## 1.1.2　遥感影像处理

遥感影像处理主要分为几何处理和属性处理。遥感影像的几何处理软件主要为摄影测量系统，属性处理软件主要为目标分类与目标识别系统。

摄影测量系统是基于数字影像与摄影测量的基本原理，应用计算机技术、数字影像处理、影像匹配、模式识别等多种学科的理论与方法，提取所摄对象用数字方式表达的几何与物理信息的摄影测量软件(Softcopy Photogrammetry)。我国著名摄影测量学者王之卓教授称摄影测量系统为全数字摄影测量(All Digital Photogrammetry)，该系统生产的产品主要包括数字地图、数字高程模型、数字正射影像、景观图等。在摄影测量系统方面，中国走在全球前列，武汉大学(原武汉测绘科技大学)的 VirtuoZo 系统在 20 世纪 90 年代就已成为全球三大知名系统之一，之后武汉大学又推出了 DPGird 引领遥感几何处理领域。

人们平时提到的遥感处理软件一般指属性处理，通常称为遥感图像处理软件。目前主流的遥感图像处理软件基本是国外的，最具代表性的有 eCongnition、ERDAS、PCI、ENVI、ERMapper 等。遥感图像处理软件最根本的任务是进行遥感图像解译，也就是图像信息的识别，也称为语义信息提取。自 20 世纪 70 年代起，随着第一颗陆地卫星发射成功，人们就开始利用计算机进行卫星遥感图像的解译研究。最初是利用数字图像处理软件对卫星数字图像进行几何纠正与位置配准，在此基础上采用人机交互的方式从遥感图像中获取相关地学信息。这种方法的实质仍然是遥感图像目视判读，它依赖于图像解译人员的解译经验与水平，它在遥感图像解译方法上并没有新突破。20 世纪 80 年代，人们主要利用统计模式识别方法进行遥感图像计算机解译。同时，一些成熟的数学工具也在不断地引入遥感图像的信息提取中，如模糊数学、神经网络以及小波等，此外地理信息与遥感影像的融合，增加了遥感数据的信息量，对遥感图像解译作出了一定贡献。

遥感影像是通过像元值的高低差异及空间变化来表示不同地物的差异，这是我们区分不同影像地物的物理依据。遥感图像分类就是利用计算机通过对遥感图像中各类地物的光谱信息和空间信息进行分析、选择特征，并用一定的手段将特征空间划分为互不重叠的子空间，然后将图像中的各个像元划归到各个子空间中去。

传统遥感影像分类的理论依据：遥感影像中的同类地物在相同的条件下(纹理、地形等)，应具有相同或相似的光谱特征和空间特征，从而表现出同类地物的某种内在相似性，即同类地物像元的特征向量将聚集在同一特征空间区域；而不同的地物其光谱特征或空间特征不同，将聚集在不同的特征空间区域。

### 1.1.3 遥感影像处理新理论——摄影测量遥感

当前科技发展已进入大数据及人工智能新时代，地球空间信息领域也面临着新的发展机遇与挑战。数据全球化、处理实时化、服务智能化是国际前沿和热点，这是与传统遥感处理存在着显著不同的全新模式和发展趋势。在遥感数据获取和处理方面，武汉大学张祖勋院士、龚健雅院士和张永军教授等学者总结了其特点，并提出了摄影测量遥感概念，下面将从摄影测量遥感数据获取具有的特征和由此带来的对智能化处理数据的挑战，以及深度学习在遥感处理中的应用等做进一步探讨。

**1. 摄影测量遥感数据获取的特点**

1) 单视角向多视角成像、单传感器向多模态协同发展

传统航空摄影测量的主要成像方式为下视成像，即相机主光轴垂直对地，相邻影像间具有一定重叠，从而构成立体影像和区域网。为了进一步提升航空影像的获取效率，满足智慧城市等应用对于建筑物侧面高清纹理的需求，国内外摄影测量仪器厂商研发了机载多面阵拼接大视场相机、多镜头倾斜摄影测量相机和全景相机等，在进一步集成化和小型化后，可搭载于低空无人机和地面移动平台。在观测机制方面，也由传统的单平台获取演进为天空地协同、多平台组网，甚至基于互联网的众包方式获取数据，从而构建多成像视角的天空地多平台综合立体观测模式。随着成像传感器技术的发展，星载、机载、车载平台所能够搭载的传感器越来越丰富，从全色相机到多光谱和高光谱相机，从可见光到红外、微波成像和激光测距，从面阵相机到多线阵拼接相机，从普通静态成像相机到连续动态视频相机，并在 GNSS/IMU 和星敏仪等导航定位技术的辅助下，实现对被摄物体的多传感器多模态协同观测。目前，几乎所有天空地遥感平台均配备了 GNSS/IMU 等多传感器集成定位定姿系统，且大部分平台会同时搭载多种传感器进行数据获取，例如"资源三号"、"高分七号"等卫星既有三线阵或双线阵立体观测相机及多光谱相机，也安装有激光测高传感器提供精确的高度控制信息。航空飞行平台往往集成激光扫描系统和多视角倾斜摄影相机或全景相机，以便同时获取地表三维信息和高质量纹理色彩。而车载移动测量系统和无人自动驾驶系统则集成立体视频相机/全景相机、激光雷达或毫米波雷达测距系统等多模态传感器，获取车辆周围的精确三维动态信息。

2) 单时相向多时相、单尺度向多尺度融合联动发展

天空地综合观测体系的建立和各类成像传感器的极大丰富和发展，对地观测成像的时间分辨率越来越高，完全颠覆了以往需要数月甚至更久才能重复获取大范围数据的状况，遥感信息的处理应用也已从单一资料分析向多时相多数据源复合分析过渡、从静态分布研究向动态监测过渡、从对各种现象的表面描述向周期性规律挖掘和决策分析过渡。而在目标识别与动态监控跟踪、无人平台自主导航等高动态应用场景，则需要通过视频摄影机、全景摄影机或 3D-LiDAR 等方式获取实时序列观测数据，在多架构实时处理等技术的辅助下实现实时在线数据的处理与分析，并为科学可靠决策提供支持。同时遥感影像的空间分辨率也越来越高，1999 年发射的 IKONOS 卫星地面分辨率为 1m，2014 年 WorldView-3 卫星更是将分辨率提高到前所未有的 0.31m，我国于 2016 年发射的"高分一号"，也将国产

商业遥感卫星的分辨率提升至 2m。目前，国际上已经形成各种高、中、低轨道相结合、大、中、小卫星相协同，高、中、低分辨率相弥补的全球对地观测体系。在航空和低空摄影测量领域，也建立了米级、分米级乃至厘米级地面分辨率的多尺度联动观测体系，为准实时联合观测提供了非常有效的技术支撑。

**2. 摄影测量遥感数据处理面临的问题**

相对于非常强大的天空地多源遥感数据获取能力，当前的摄影测量数据处理理论和方法还存在种种制约，遥感信息产品的快速生产和服务能力显著滞后，海量数据堆积与有限信息孤岛并存的矛盾仍然突出。在大数据及人工智能新时代，实景三维中国、信息提取与变化监测、智慧城市、自主驾驶、智能制造等应用领域必将飞速发展，摄影测量的发展尚需交叉融合多个学科的最新研究成果，在多源数据智能处理的理论技术和应用领域才能取得更大突破。武汉大学张永军教授等专家提出应该主要从以下六个方面考虑，解决多源摄影测量数据处理面临的问题。

1) 多源遥感影像自动匹配

影像匹配是摄影测量与遥感产品自动化生产中至关重要的环节，直接影响区域网平差、影像镶嵌拼接、三维重建等后续环节的精度。在天空地多视角/多模态影像获取过程中，由于平台飞行高度不同、传感器成像模式不同、成像视角显著差异等因素，导致影像间存在很大的透视几何变形和非线性辐射畸变等现象，基于灰度的传统特征点影像匹配方法在多视角影像连接点自动匹配方面已不再适用。因此，深入研究天空地多源遥感影像的稳健可靠自动匹配方法，对推动多源遥感影像高精度自动化空中三角测量，提高地形地物三维重建效率及贴近摄影测量变形监测等均有重要意义。以 SIFT 等为代表的经典特征匹配方法，已被广泛应用于影像匹配、目标检测识别等领域。但是，经典特征匹配方法对非线性辐射差异和透视几何形变较为敏感，对于多视角/多模态影像无法获得稳定可靠的同名特征，因此需要研究具有多重不变特性的多模态影像高可靠性特征匹配方法，构建尺度、旋转及非线性辐射差异不变的稳健特征描述符。此外，激光点云和天空地多视角影像间，由于数据特性差异太大，多重不变特征描述符也无法实现有效匹配，所以需要挖掘更高层次的稳定特征，进行多种特征耦合的高精度自动匹配。

2) 多源摄影测量影像联合区域网平差

摄影测量领域的区域网平差，是以共线方程或有理函数等成像模型为基础，将测区内所有观测值纳入统一的平差系统，建立误差方程并采用最小二乘原则求解未知数，从而获得模型中各类未知参数的最佳估值，实现影像空间和物方空间的严密坐标转换，并进行精度评定。天空地多源遥感影像联合平差，涉及卫星、航空、低空、地面等不同观测视角，线阵、面阵等不同成像模式，光学、微波、激光等不同观测模态，数据种类繁多，观测机制复杂，需要研究建立各类影像的误差模型，解决不同原始观测资料间的相关性及方差分量估计问题，以及同名特征中粗差观测值的稳健探测剔除问题。传统航空和航天摄影测量的成像中心规则排列及法方程带宽优化方法不再适用，需要研究突破天空地多源立体观测超大规模方程组的压缩存储和快速解算方法，如超大规模病态法方程几何结构优化、超大规模方程组压缩存储、CPU/GPU 联合并行解算，甚至无须存储大规模法方程的共轭梯度快速解算方法等，获取各影像的全局最优精确对地定位参数。在保证全球地理信息资源建设等超大规模区域网平差成果绝对定位精度方面，则需要充分发挥各类已有地理信息的控制作用，实现全自动化的云控制联合区域网平差。

3）多时相遥感影像智能信息提取与变化监测

多时相遥感影像中地形地物信息的自动提取与动态变化监测，是摄影测量走向智能信息服务的必由之路和经典难题。通过智能数据处理手段，进行精确配准、无效像元检测消除、辐射校正及影像合成，生成时间有序、空间对齐、辐射一致的高质量多时相遥感影像序列，是地物信息自动提取、自然资源监测评估、土地利用动态监测、目标识别与动态监控等应用的前提。传统的遥感影像处理方法及近年来流行的深度学习在多时相遥感影像地物智能提取及变化监测方面尚面临巨大挑战，例如深度学习得到的像素级分类结果距离规则化矢量成果仍然有相当差距，而且国际上目前尚无遥感领域专用的深度神经网络，只能通过数据裁剪等手段使遥感影像适应已有的通用图像处理深度学习框架。因此，需要针对遥感影像数据的特殊性及实时智能处理需求，研究创建面向遥感数据智能目标识别与信息提取的自主产权的深度学习框架。另外，地物目标提取结果，也可以反向融入多源影像几何处理过程，形成全新的几何语义一体化处理机制，进一步提高处理精度和稳定性。

4）激光点云与多视影像联合精细建模

2016 年 4 月，习近平总书记提出"新型智慧城市"概念。建筑物是智慧城市中最重要的核心元素，三维建筑物模型可为城市基础设施规划和新型智慧城市建设提供良好支撑，其准确的几何结构及拓扑属性信息是促进智慧城市建设的决定性因素之一。三维重建技术主要有基于主动视觉的激光扫描法、结构光法、雷达技术、Kinect 技术和基于被动视觉的单目视觉、双目视觉、多目视觉、SLAM 技术等，其中激光扫描与多目立体视觉是获取地物三维空间几何信息与纹理信息的主要手段。点云与影像的有机结合可以显著提升建筑物等典型地物目标精细三维重建的效率和效果，二者的高精度配准是必须解决的首要问题。在精细建模过程中，可充分发挥这两类数据的优势，通过多视影像密集匹配和深度学习等先进手段对 LiDAR 点云进行加密优化，提取显著线面特征，约束三维点云表面重建，利用纹理识别和深度学习进行建筑物立面遮挡修复，并解决高保真纹理映射优化、建筑物矢量模型提取以及 LOD（Levels of Detail）室内外一体化建模等核心问题。

5）多传感器集成的无人系统自主导航

无人系统常指无人机、无人车、无人船、智能机器人等可移动无人驾驶系统，涉及多传感器集成、人工智能、高速通信、机器人、自动控制等关键技术，这里特指各类低空无人机和地面无人驾驶汽车。智能化是无人系统发展的重要方向，在智能数据采集、长距离货物运送、智能物流配送等众多领域具有广泛的应用前景。智能化无人系统的核心技术主要包括环境感知、信息交互、知识学习、规划决策、行为执行等五个方面。环境感知的智能化，需要解决无人机/车在未知受限环境中的实时自主定位和目标识别等问题，是实现自动驾驶的前提条件。传统的无人机/车常采用 GNSS/IMU 组合导航定位系统进行定位，但是实时定位精度较低，误差较大，而且在复杂环境中往往存在噪声干扰和信号遮挡等问题。多传感器集成的环境智能感知和目标识别技术是解决上述问题的可行途径，包括 GNSS/IMU、激光雷达、立体相机、超声波测距、嵌入式处理器和智能识别系统等。多传感器数据的实时处理和深度融合可显著提高实时定位的精度和可靠性，并结合人工智能等技术确定周围环境中各类目标的距离、属性及其动态变化信息。智能无人机的自主能力体现在自主航线规划、自动避障、信息采集和飞行控制的智能程度方面，智能无人驾驶汽车的自主操控主要表现为自动驾驶等级提升，即由已知环境的部分自动驾驶进化到动态未知环境的全自动驾驶，二者都涉及多传感器动态感知、多架构实时计算、智能认知推理、规划决策执行等核心技术。

6) 多传感器集成的智能制造视觉检测

2013 年，德国政府首次提出"工业 4.0"战略，其目的是将传统制造业向智能化转型，并在以智能制造为主导的第四次工业革命中占领先机。我国也已制定相应的发展规划，力争通过新一代信息技术与制造业深度融合，从制造业大国向制造业强国转变。智能制造装备是具有感知、决策、控制、执行功能的各类制造装备的统称，包括新一代信息技术、高端数控机床、全自动化生产线、工业机器人、重大精密制造装备、3D 打印机等。当前高端智能制造装备属于复杂的光机电系统，应用环境特殊，而且对检测准确率、实时性、重复性等要求极高，实时在线检测、无人干预全自动检测、智能化分析是其必备条件。精密工业摄影测量作为非接触技术手段，可采用实时立体视觉或多传感器融合视觉系统代替人眼和人手进行各种工业部件的在线检测分析、判断决策及质量控制，具有智能化程度高和环境适应性强等特点，是智能制造系统不可或缺的核心组成部分。多传感器集成的视觉检测系统，主要由光源、高速光学相机、激光扫描仪、图像处理器等构成，需要解决成像系统检校、高速数据获取、图像处理分析、缺陷部件智能识别与检测等核心问题，尤其是针对常见的尺寸、划痕、腐蚀、褶皱、突起、凹陷、孔洞、色彩等不同制造缺陷，需要研究相应的智能化识别检测方法。随着人工智能浪潮的快速兴起，有望借助深度学习机制，实现强大的学习能力和泛化能力，通过一定量的样本训练构建通用制造缺陷智能识别检测技术。

**3. 摄影测量遥感与深度学习**

20 世纪 70 年代，随着遥感卫星的发射，摄影测量被扩展为"摄影测量与遥感"，影像解译成为遥感研究的重点，虽然这个问题的研究已超过 30 年，但至今尚没有方法能够全自动地完成高分辨率图像上语义信息的提取，也没有商业软件能够自动化提取出道路、建筑等"专题图"。数字高程模型(DEM)和数字正射图像(DOM)早已成为数字摄影测量的标准产品。作为 4D 产品之一的数字线划图(Digital Line Graph, DLG)制作仍旧离不开人工干预，随着摄影测量与人工智能和机器学习的交叉融合，特别是深度学习的广泛应用，遥感影像解译会出现飞跃式的发展，有望利用遥感影像快速生成高精度的语义专题图，数字线划图的制作不需要人的干预，这标志着摄影测量将真正进入智能摄影测量时代。武汉大学季顺平教授认为智能摄影测量时代与前三个时代有本质的区分，主要体现在关注点不再局限在几何上，而集中在"认知、语义、理解和所见即所得"上。下面简单介绍深度学习在图像检索、语义分割、目标识别、矢量提取和立体匹配中的应用。

1) 图像检索

在计算机视觉和图像处理领域，深度学习在图像分类中得到了最广泛的应用。2012 年的 ImageNet 挑战赛使得深度学习在图像分类中脱颖而出。庞大的 ImageNet 数据库来自通过网络上传的大众所拍摄的图像，并不包括航摄图像和卫星遥感图像。若将这些数据库训练得到的模型直接用来进行遥感图像检索显然不合适。借鉴卷积神经元网络在计算机视觉界的巨大成功，航空和航天图像的图像检索可仿造 CIFAR、ImageNet，构建一个庞大的标签数据库，涵盖丰富的地物类别，每个类别包括足够多的样本。如果说深度学习是智能时代的引擎，那么数据就是燃料。大规模遥感标签数据库将是摄影测量与遥感走向"自动化专题制图"的必经之路。然而，其实现难度要比 ImageNet 更大。第一，由于远距离成像的特性，遥感图像受到更多电磁辐射传输的影响。经过大气传播的电磁辐射与地物间的相互作用机理更加复杂，同一标签的样本往往呈现明显的光谱和视觉差异。这种差异不但对样本的选取造成不便，而且对深度学习模型的可区分性提出更大的挑战。第二，众包模式并不能完全起作用。普通人在图像上能很好地辨认出诸如猫与狗的区别，因此通过互联网众包能够快速构建一个巨大的标签数据库；但是，小麦和水稻在遥感图像上的差异，则需要专业人员的目视判读。若影像分辨率较低，甚至可能需要实地调查。第三，摄影测量与遥感学界的科研模式尚需向开源发展。计算机视觉界是最重视开源的科研领域之一，可以轻松获取 ImageNet、CIFAR 等专业数据库和 OpenCV 等开源代码。目前，遥感学界已经逐渐开始走向开源模式，希望能由遥感学界、公司或政府机构在短期内建立针对遥感图像检索的标签数据库，并实现完全开源，使之成为摄影测量与遥感工作者在语义检索研究上的燃料和基石。

2）语义分割

相对于成熟的图像分类或图像检索，语义分割（Semantic Segmentation）目前正处于高速发展中。图像语义分割是指：在像素层面分割出一类或多类前景以及背景，如把图像分割为水域、庄稼、人工建筑和其他，故语义分割的含义更接近于传统的遥感图像分类。深度学习倾向于从原始图像学习特征表达，因此像素级的语义分割正好是它的用武之地。以单目标分割为例，将目标像素集合的标签设置为 1，作为正样本，其他的图像区域设置为0，作为负样本。这样，深度学习的任务就是完成图像的二值分割。在具体实施上，如果直接采用诸如 VGG-Net 和 ResNet 等经典的深度卷积网络，则会遇到两个困难：第一，普通的 CNN（Convolutional Neural Networks，卷积神经网络）需要以像素中心为原点，开辟局部窗口作为正负样本去训练和测试。由于逐像素的操作方式，需要消耗大量的计算资源；并且会在边缘处产生难以避免的混淆像素，导致分割的边缘不平滑。第二，由于 CNN 采用从低到高的特征提取策略，用于语义分割的是最顶层的高级抽象特征，因此会损失许多细节信息，而导致分割结果可能不理想。针对以上两个困难，最近两年发展了一类特殊的CNN 架构，专门用于图像语义分割。其中，FCN（Fully Convolutional Network，全卷积网络）就是针对像素级语义分割问题而提出的一种主流架构。经典的 CNN 通常在卷积层之后再使用全连接层得到固定长度的特征向量，并用该特征进行分类。而 FCN 则用卷积层代替了全连接层，FCN 以及反卷积网络不再需要逐像素的分类操作，极大地节省了计算消耗，并在一定程度上提升了语义分割的精度。然而，由逐层池化带来的细节损失问题依然存在。

3）目标识别

目标识别与图像检索或语义分割有一定的联系，但区别也很明显。遥感图像检索是从一幅图像（或图像块）中以一定的概率发现某类物体，但不能识别物体的数量和精确位置。

语义分割是像素级操作，不是整体目标或对象，而是识别某个区域是什么类别。目标检测指识别并定位出"某类物体中的某个实例"，如建筑物类别中的某栋房屋。在深度学习中，目标识别通常归结为最优包容盒的检测。如待检索目标是飞机或建筑物，则其轮廓的外接矩形框则为其包容盒。包容盒检测也称为包容盒回归（Regression）。回归与标签分类相对应。如以上所述的图像检索、语义分割，类别标签都是离散量，可归纳为一个分类（Classfication）问题。而包容盒回归所对应的标签是连续量，即四个坐标值。要得到这些连续量的最优估计，在数学中就是一个回归问题。在深度学习尚未爆发之前，传统的图像目标识别方法一般是先设计特征，如 SIFT（Scale-Invariant Feature Transform，尺度不变特征变换）和 HOG（Histogram of Oriented Gradient，方向梯度直方图）。然后采用滑动窗口的穷举策略，在给定的图像上进行遍历，确定候选区域，然后对这些区域进行特征提取，最后使用训练好的分类器进行分类。传统方法的问题在于：首先，基于滑动窗口的区域选择策略没有针对性，时间复杂度高，窗口冗余度高；其次，手工设计的特征鲁棒性较差。针对滑动窗口的区域选择问题，R-CNN（Region-based CNN，基于候选区域的卷积神经元网络）提供了很好的解决方案，并成为目标识别方向的主流基础框架。基于候选区域的方法首先利用图像中的纹理、边缘、颜色或者多层卷积网络提取的特征，预先找出图像中目标可能出现的位置，以保证在较少的窗口中保持较高的召回率，大大降低了后续操作的时间复杂度。R-CNN 的精度相比于传统方法获得了很大的提升，但在效率方面仍有很大的提升空间。

4）矢量提取

摄影测量的关键任务之一是为各行各业提供地形图或电子地图。而这些地图通常以矢量形式表示。因此，如何从遥感图像中一步到位提取出各类矢量地图，才是真正的终极目标。从图像中端到端（end-to-end）地提取矢量地图是一项艰难的挑战，几乎没有传统方法可供参考。深度学习的广泛应用和深入研究有望为达成这个终极目标提供契机。虽然目前还没有直接的应用实例，但某些相关的研究可以给我们提供一些参考。人体关键点识别就是其中之一。将人体看作一系列关键点的组合，关键点的连线就构成了矢量。而人体关键点识别中的主要技术就是基于 CNN 框架并采用回归算法。以摄影测量与遥感中经典的建筑物提取为例，我们需要得到建筑物的矢量图。考虑多边形建筑物，矢量图可由建筑物顶点顺序连接得到。通过回归这些顶点，就可以得到矢量图，这与人体关键点检测有一定的相似之处。总之，从遥感图像到矢量图的提取，目前仍然面临挑战，需要进一步深入研究。

5）立体匹配

立体匹配是摄影测量中的核心问题之一。深度学习的立体匹配方法发展迅猛，但大多数商业软件目前仍采用 SGM（Semi-Global Matching，半全局立体匹配算法）、MVM（Multi-View Matching，多视匹配）等经典方法。基于深度学习来获取深度图有两种模式：第一种是将深度学习用于计算核线立体像对间更恰当的匹配代价，以取代人工设计的代价函数；第二种是端到端地从原始立体像对中直接得到深度图（视差图）。2016 年，Zbontar 和 LeCun 提出 MC-CNN（Matching Cost CNN，匹配代价的卷积神经网络），是深度学习在立体匹配方面的首个应用算法，它利用卷积神经元网络来学习匹配代价。传统的匹配代价包括亮度绝对值差异、相关系数、欧式距离、交叉熵，等等，这些代价往往不是最优的，会受到亮度突变、视差突变、无纹理或重复纹理、镜面反射等不利条件的影响。而深度学习方法试图通过多层非线性神经元网络得到更加稳健的匹配代价，采用了一种简单的连体卷积网络（Siamese Network）。左右立体图像分别通过一系列卷积提取特征，在最后一层上做一次归一化操作，然后对两个单位特征向量进行点乘，得到匹配代价。这个点乘计算与摄影测量中常用的"灰度相关"完全一致。但由于不是在原始的图像亮度上进行，而是在高级的卷积特征中进行，其效果要好很多。此后，用深度学习进行立体匹配研究成了热门课题。许多学者纷纷提出各类匹配算法，如 SGM-Net、DispNetC、Content-CNN 等。虽然基于深度学习的立体匹配方法在有限的自然图像测试集上表现优异，但是并不能说明它的普适性。用于航空、航天遥感影像、线阵、曲面等其他类型的传感器效果如何，需要进一步检验。短期内，深度学习方法是否能取代构造性的经典密集匹配方法将是受关注的焦点之一。

以上应用取决于摄影测量学以及智能科学的进一步发展。当前以深度学习为主流的智能方法仍存在缺陷。深度学习目前需要大量的精确样本，以弥补其泛化和外推能力的缺陷。而遥感成像的远距离辐射传播机制使得高质量样本的获取成本更高、面对的挑战更大。小样本学习是人类的本能，借助知识的推理和联想更是人类的优势所在。虽然深度学习方法在一次学习中获得了一些进步，但无论是现在的深度学习，还是未来更先进的智能方法，都需要进一步向人学习，做到真正的"智能"。

## 1.2 深度学习概述

"深度学习"概念由杰弗里·辛顿（Geoffrey Hinton）于 2006 年提出，它并不是凭空产生，而是以人工神经网络、机器学习等技术为基础，长时间发展而来。为此，我们需要先了解深度学习发展史。

### 1.2.1 深度学习的起源阶段

1943 年，神经生理学家麦卡洛克和数学逻辑学家皮兹发表论文《神经活动中内在思想的逻辑演算》，提出了 MP（McCulloch-Pitts）模型。MP 模型是模仿神经元的结构和工作原理，构造出的一个基于神经网络的数学模型，本质上是一种"模拟人类大脑"的神经元模型。MP 模型作为人工神经网络的起源，开创了人工神经网络的新时代，也奠定了神经网络模型的基础。

1949 年，加拿大著名心理学家唐纳德·赫布在《行为的组织》中提出了一种基于无监督学习的规则——海布学习规则（Hebb Rule）。海布学习规则模仿人类认知世界的过程创建出一种"网络模型"。该网络模型针对训练集进行大量的训练并提取训练集的统计特征，然后按照样本的类似程度进行分类，把相互之间联系密切的样本分为一类，这样就把样本分成了若干类。海布学习规则与"条件反射"机理一致，为之后的神经网络学习算法奠定了基础，具有重大的历史意义。

20 世纪 50 年代末，在 MP 模型和海布学习规则的研究基础上，美国科学家罗森布拉

特(Frank Rosenblatt)发现了一种与人类学习过程相似的学习算法——感知机学习，并于
1958 年正式提出了由两层神经元组成的神经网络，称为感知器(Perceptron)。感知器本质
上是一种线性模型，能够对输入的训练集数据进行二分类，且可以在训练集中自动更新权
值。感知器的提出吸引了大量科学家对人工神经网络进行研究，对神经网络的发展具有里
程碑式的意义。1969 年，AI(Artificial Intelligence，人工智能)之父马文·明斯基和 LOGO
语言的创始人西蒙·派珀特共同编写了一本书 Perceptron(《感知器》)，在书中他们证实了
单层感知器没有办法解决线性不可分问题。由于这个缺陷以及没有将感知器推广到多层神
经网络中，在 20 世纪 70 年代，人工神经网络进入了第一个寒冬期，人们对神经网络的研
究也停滞了将近 20 年。

## 1.2.2　深度学习的发展阶段

1982 年，著名物理学家约翰·霍普菲尔德(John Hopfield)发明了 Hopfield 神经网络。
Hopfield 神经网络是一种结合存储系统和二元系统的循环神经网络。Hopfield 神经网络也
能够模拟人类的记忆，根据激活函数的选取不同，分为连续型和离散型两种类型，分别用
于优化计算和联想记忆。但由于该算法容易陷入局部最小值的缺陷，在当时并未引发很大
的轰动。1986 年，杰弗里·辛顿(Geoffrey Hinton)提出了一种适用于多层感知器的反向传
播算法——BP(Back Propagation)算法。BP 算法在传统神经网络正向传播的基础上，增加
了偏差的反向传播过程。反向传播过程不断地调整神经元之间的权值和阈值，直到输出的
偏差达到容许范围以内，或达到预先设定的训练次数为止。BP 算法完美地解决了非线性
分类问题，让人工神经网络再次引发人们普遍的关注。1998 年，Yann LeCun 提出了知名
的 LeNet 网络结构，标志着人工神经网络初步形成。

由于当时的计算机硬件水平有限，运算能力跟不上，致使当神经网络的规模增大时，
BP 算法出现"梯度消失"的问题。这使得 BP 算法的发展受到了很大的限制。再加上以
SVM(Support Vector Machine，支持向量机)为代表的其他浅层机器学习算法被提出，并在
分类、回归问题上均取得了很好的效果，其原理又明显不同于神经网络模型，因此人工神
经网络的发展再次进入了瓶颈期。

## 1.2.3　深度学习的爆发阶段

2006 年，杰弗里·辛顿和他的学生鲁斯兰·萨拉赫丁诺夫(Ruslan Salakhutdinov)提出
了 DL(Deep Learning，深度学习)的概念。他们在顶级学术期刊 Science 上发表的一篇文
章，详细地给出了"梯度消失"问题的解决方案——经过无监督学习逐层训练，再使用有
监督的反向传播算法进行调优。该方法被提出后，在学术圈引发了巨大的反响，以斯坦福
大学、多伦多大学为代表的众多世界知名高校纷纷投入巨大的人力、财力进行深度学习领
域的相关研究。

2012 年，在著名的 ImageNet 图像识别大赛中，杰弗里·辛顿领导的小组采用深度学
习模型 AlexNet 一举夺冠。AlexNet 采用 ReLU 激活函数，从根本上解决了梯度弥散问题，
并采用 GPU 大幅提升了模型的运算速度。同年，由斯坦福大学著名的吴恩达教授和世界
顶尖计算机专家 Jeff Dean 共同主导的深度神经网络在图像识别领域取得了惊人的成绩，

在 ImageNet 评测中成功地把错误率从 26% 下降到了 15%。深度学习算法在世界大赛中的脱颖而出，也再一次吸引了学术界和工业界对于深度学习领域的关注。

随着深度学习技术的不断进步以及数据处理能力的不断提高，2014 年，Facebook 基于深度学习技术的 DeepFace 项目，在人脸识别方面的准确率在 97% 以上，这跟人类识别的准确率几乎没有差异。这样的结果也再一次证实了深度学习算法在图像识别方面的"一骑绝尘"。

2016 年，随着谷歌公司基于深度学习开发的 AlphaGo 以 4∶1 的比分打败了国际顶尖围棋高手李世石，深度学习的热度一时无两。后来，AlphaGo 又接连和众多世界级围棋高手过招，均取得了完胜。这也证实了在围棋界，基于深度学习技术的机器人已经超越了人类。

2017 年，基于强化学习算法的 AlphaGo 升级版 AlphaGo Zero 横空出世。其采用"从零开始""无师自通"的学习模式，以 100∶0 的比分轻而易举地战胜了 AlphaGo。也是在这一年，深度学习的相关算法在医疗、金融、艺术、无人驾驶等多个领域均取得了显著的成果，并席卷学术界。此后至今，深度学习已经成为热门的研究方向。

# 第 2 章　计算机操作与 GPU 基础

## 2.1　计算机操作基础

计算机是由硬件系统（Hardware System）和软件系统（Software System）两部分组成的。没有安装任何软件的计算机称为裸机，裸机是无法使用的。

计算机硬件系统一般可分为输入单元、输出单元、算术逻辑单元、控制单元及记忆单元。其中算术逻辑单元和控制单元合称 CPU（Center Processing Unit，中央处理单元）。输入单元主要包括键盘、鼠标、触摸屏、摄像头、各种数据盘等；输出单元主要包括屏幕、打印机、扬声器、各种数据盘等；记忆单元主要包括内存、硬盘、光盘、U 盘等。

计算机软件系统是指计算机在运行的各种程序、数据及相关的文档资料。计算机软件通常被分为系统软件和应用软件两大类，虽然各自的用途不同，但它们的共同点是都存储在计算机存储器中，是以某种格式编码书写的程序或数据。最基础的计算机系统软件就是操作系统（Operating System，OS）。从计算机用户的角度来说，计算机操作系统体现在其提供的各项服务上；从程序员的角度来说，其主要是指用户登录的界面或者接口；从设计人员的角度来说，就是指各式各样模块和单元之间的联系。

计算机操作系统由一系列具有不同控制和管理功能的程序组成，它是直接运行在计算机硬件上的最基本的系统软件，是所有软件的核心。操作系统是计算机发展的产物，它的主要目标有两个：一是方便用户使用计算机，是用户和计算机的接口，提供了大量简单易记的指令或操作，用户只需使用这些指令和操作就可以实现复杂的功能；二是统一管理计算机的全部资源，合理组织计算机的工作流程，以便充分、合理地发挥计算机的效率。经过几十年的发展，计算机操作系统已经由一开始的简单控制循环体发展成为较为复杂的分布式操作系统，再加上计算机用户需求越来越多样化，计算机操作系统已经成为既复杂又庞大的计算机软件系统之一。现在最主流的操作系统包括：Windows 系列操作系统、类 Unix 操作系统（Linux）、MacOS 操作系统、Android 操作系统等。

为实现对计算机的控制，操作系统提供了很多操作界面让用户可以方便地应用计算机，常见的界面包括图形化界面和命令行交互界面。图形化界面主要通过在显示器上生动地展示处理内容，并接受鼠标、键盘、触摸屏等的输入，实现对计算机的控制应用。由于图形化界面生动形象、操作方便等特点深受人们喜爱，已经成为最流行的个人应用系统，其代表有 Windows、MacOS、Android 等操作系统。与图形化界面不同，命令行交互界面主要通过文字方式与用户进行信息交流。为此，操作系统提供了大量的操作命令实现对计算机的控制。命令行交互界面在计算机初期、科学处理和新兴的计算机处理方面，展示了无比的优越性。因为对于一个新兴应用且还未形成一定展示方式的图形图像，文字描述是最基本也是最实际的信息展示方法。所有的操作系统都提供了命令行操作方式，只是图形化界面中的命令行不常用，以至于给我们没有命令行的假象。

命令行到图形界面的转变标志着操作系统发展的成熟度。例如，现在图形化操作系统界面是 Microsoft 等机构花费大量精力，为便于人们使用计算机而设计和开发的。现在的机器学习还处于初级阶段，显然无法达到图像化交互能力，为此需要初学者继续使用命令行的方式。现在的 Windows 系统和 Linux 系统都保留了命令行运行模式，执行选择控制台，就可以呼出命令行窗口。

## 2.1.1 计算机的命令行操作

所有的计算机系统都提供了命令行操作方式，命令行操作的特点是为每个系统支持的操作设计了一个命令，每个命令由一个或多个有含义的单词组成。当用户需要对计算机执行某个操作的时候，只需要用键盘在命令行中输入这个单词并按回车键确认，计算机就去执行这个操作，并将执行过程和结果用文字的形式展示在输出端(通常是显示屏)。下面以 Windows 为例，介绍常用的操作命令，这些命令在 Linux 中也是存在的，不过命令的单词可能不一样，具体命令名称可以查阅相关资料获取。

**1. 命令行命令**

由于 Windows 系统的前身是 DOS(Disk Operating System，磁盘操作系统)，这些命令又称为 DOS 命令，下面介绍常用命令。

1)md/mkdir——建立子目录命令

功能：创建新的子目录。

格式：md [盘符:][路径名]〈子目录名〉

使用说明：盘符：指定要建立子目录的磁盘驱动器字母，若省略，则为当前驱动器；路径名：要建立的子目录的上级目录名，若缺省则建在当前目录下。

例：(1)在 C 盘的根目录下创建名为 FOX 的子目录：

C:\>md FOX (在当前驱动器 C 盘下创建子目录 FOX)；

(2)在 FOX 子目录下再创建 USER 子目录：

C:\>md FOX\USER (在 FOX 子目录下再创建 USER 子目录)。

2)cd——改变当前目录命令

功能：改变当前目录。

格式：cd [盘符:][路径名][子目录名]

使用说明：①如果省略路径和子目录名则显示当前目录；②如果采用"cd\"格式,则退回到根目录;③如果采用"cd.."格式则退回到上一级目录。

例:(1)进入 USER 子目录：C:\>cd FOX\USER(进入 FOX 子目录下的 USER 子目录)；

(2)从 USER 子目录退回到上一级目录：C:\FOX\USER>cd..；

(3)返回到根目录：C:\FOX>cd\ 。

3)rd——删除子目录命令

功能：从指定的磁盘删除子目录。

格式：rd［盘符：］［路径名］［子目录名］

使用说明：子目录在删除前必须是空的，也就是说需要先进入该子目录，使用 del（删除文件的命令）将其子目录下的文件删空，然后再退回到上一级目录，用 rd 命令删除该子目录本身，不能删除根目录和当前目录。

例：要求把 C 盘 FOX 子目录下的 USER 子目录和文件删除，操作如下：

第一步，先将 USER 子目录下的文件删空：C:\>del C:\FOX\USER\*.*。

第二步，删除 USER 子目录：C:\>rd C:\FOX\USER。

4）dir——显示磁盘目录内容命令

功能：显示磁盘目录的内容。

格式：dir［盘符］［路径］［/P］［/W］

使用说明：①/P 的使用：当欲查看的目录太多，无法在一屏中显示完，屏幕就会一直往上卷，不容易看清内容，加上/P 参数后，屏幕上会分面一次显示 23 行的文件信息，然后暂停，并提示 Press any key to continue；②/W 的使用：加上/W 只显示文件名，文件大小及建立的日期和时间则都省略，加上/W 参数后，每行可以显示 5 个文件名。

5）path——路径设置命令

功能：设备可执行文件的搜索路径，只对文件有效。

格式：path［盘符 1］目录［路径名 1］{［；盘符 2：］,〈目录路径名 2〉…}

使用说明：①当运行一个可执行文件时，系统会先在当前目录中搜索该文件，若找到则运行之；若找不到该文件，则根据 path 命令所设置的路径，顺序逐条地到目录中搜索该文件；②path 命令中的路径，若有两条以上，各路径之间以一个分号"；"隔开；③只输入 path 则显示目前所设的路径。

6）tree——显示磁盘目录结构命令

功能：显示指定驱动器上所有目录路径和这些目录下的所有文件名。

格式：tree［盘符：］［/F］

使用说明：使用/F 参数时显示所有目录及目录下的所有文件，省略时，只显示目录，不显示目录下的文件。

7）deltree——删除整个目录命令

功能：将整个目录及其下属子目录和文件删除。

格式：deltree［盘符：]〈路径名〉

使用说明：该命令可以一步就将目录及其下的所有文件、子目录、更下层的子目录一并删除，而且不管文件的属性为隐藏、系统还是只读，只要该文件位于删除的目录之下，deltree 都一视同仁，照删不误。

8）label——建立磁盘卷标命令

功能：建立、更改、删除磁盘卷标。

格式：label［盘符：］［卷标名］

使用说明：①卷标名为要建立的卷标名，若缺省此参数，则系统提示键入卷标名或询问是否删除原有的卷标名；②卷标名由 1~11 个字符组成。

9）vol——显示磁盘卷标命令

功能：查看磁盘卷标号。

格式：vol［盘符：］

使用说明：省略盘符，显示当前驱动器卷标。

10）scandisk——检测、修复磁盘命令

功能：检测磁盘的 FAT 表、目录结构、文件系统等是否有问题，并可将检测出的问题加以修复。

格式：scandisk［盘符 1：］{［盘符 2：］…}［/ALL］

使用说明：①scandisk 可以一次指定多个磁盘或选用［/ALL］参数指定所有的磁盘；②可以自动检测出磁盘中所发生的交叉链接、丢失簇和目录结构等逻辑上的错误，并加以修复。

11）defreg——磁盘碎块整理命令

功能：整理磁盘，消除磁盘碎块。

格式：defreg［盘符：］［/F］

使用说明：选用/F 参数，将文件中存储在磁盘上的碎片消除，并调整磁盘文件的安排，确保文件之间毫无空隙，从而加快读盘速度并节省磁盘空间。

12）copy——文件复制命令

功能：拷贝一个或多个文件到指定盘上。

格式：copy［源盘］［路径］〈源文件名〉［目标盘］［路径］［目标文件名］

使用说明：①copy 是以文件到文件的方式复制数据，复制前目标盘必须已经格式化；②复制过程中，目标盘上相同文件名称的旧文件会被源文件取代；③复制文件时，必须先确定目标盘有足够的空间，否则会提示磁盘空间不够；④文件名中允许使用通配符"＊""？"，可同时复制多个文件；⑤copy 命令中源文件名必须指出，不可以省略；⑥复制时，目标文件名可以与源文件名相同，称作"同名拷贝"，此时目标文件名可以省略；⑦复制时，目标文件名也可以与源文件名不相同，称作"异名拷贝"，此时，目标文件名不能省略；⑧复制时，还可以将几个文件合并为一个文件，称为"合并拷贝"，格式如下：copy［源盘］［路径］〈源文件名 1〉〈源文件名 2〉…［目标盘］［路径］〈目标文件名〉；⑨利用copy 命令，还可以从键盘上输入数据建立文件，格式如下：copy con［盘符：］［路径］〈文件名〉。

13）type——显示文件内容命令

功能：显示 ASCII 码文件的内容。

格式：type［盘符：］［路径］〈文件名〉

使用说明：①显示由 ASCII 码组成的文本文件，对于二进制文件，其显示的内容是无法阅读的，故没有实际意义；②该命令一次只能显示一个文件的内容，不能使用通配符；③如果文件有扩展名，则必须将扩展名写上；④当文件较长，一屏显示不下时，可以按以下格式显示：type［盘符：］［路径］〈文件名〉| MORE，MORE 为分屏显示命令，使用这些参数后当文件满屏时会暂停显示，按任意键会继续显示。

14）ren/rename——文件改名命令

功能：更改文件名称。

格式：ren[盘符:][路径]〈旧文件名〉〈新文件名〉

使用说明：①新文件名前不可以加上盘符和路径，因为该命令只能对同一盘上的文件更换文件名；②允许使用通配符更改一组文件名或扩展名。

15）attrib——修改文件属性命令

功能：修改指定文件的属性。

格式：attrib［文件名］[R][-R][A][-A][H][-H][S][-S]

使用说明：①选用 R 参数，将指定文件设为只读属性，使得该文件只能读取，无法写入数据或删除；选用-R 参数，去除只读属性；②选用 A 参数，将文件设置为档案属性；选用-A 参数，去除档案属性；③选用 H 参数，将文件设置为隐含属性；选用-H 参数，去除隐含属性；④选用 S 参数，将文件设置为系统属性；选用-S 参数，去除系统属性；⑤选用/S 参数，对当前目录下的所有子目录作设置。

16）del——删除文件命令

功能：删除指定的文件。

格式：del[盘符:][路径]〈文件名〉[/P]

使用说明：①选用/P 参数，系统在删除前询问是否真要删除该文件，若不使用这个参数，则自动删除；②该命令不能删除属性为隐含或只读的文件；③在文件名称中可以使用通配符；④若要删除磁盘上的所有文件，可以输入命令 del ＊.＊ 或 del .，此时系统会提示：Are you sure? 若回答 Y，则进行删除，若回答 N，则取消此次删除操作。

17）undelete——恢复删除命令

功能：恢复被误删除的命令。

格式：undelete［盘符:]［路径名]〈文件名〉[/DOS]/LIST][/ALL]

使用说明：使用 undelete 可以使用"＊"和"?"通配符。①选用/DOS 参数根据目录里残留的记录来恢复文件。由于文件被删除时，目录所记载的文件名的第一个字符会被改为 E5，DOS 即依据文件开头的 E5 和其后续的字符来找到欲恢复的文件，所以，undelete 会要求用户输入一个字符，以便将文件名补齐。但此字符不必和原来的一样，只需要符合 DOS 的文件名规则即可。②选用/LIST 参数只"列出"符合指定条件的文件而不做恢复，所以对磁盘内容完全没有影响。③选用/ALL 参数自动将可完全恢复的文件完全恢复，而不一一地询问用户，使用此参数时，若 undelete 命令利用目录里残留的记录来将文件恢复，则会自动选一个字符将文件名补齐，并且使其不与现存文件名相同，这些字符的优先选择顺序为：#%-0123456789A 到 Z。

18）cls——清除屏幕命令

功能：清除屏幕上的所有显示，将光标置于屏幕左上角。

格式：cls

19）date——日期设置命令

功能：设置或显示系统日期。

格式：date［mm-dd-yy]

使用说明：[mm-dd-yy]为"月-日-年"格式，省略[mm-dd-yy]则显示系统日期并提示输入新的日期，不修改则可直接按回车键。

20）time——系统时钟设置命令

功能：设置或显示系统时钟。

格式：time［hh：mm：ss：xx］

使用说明：［hh：mm：ss：xx］为"小时：分钟：秒：百分之几秒"，省略［hh：mm：ss：xx］则显示系统时间并提示输入新的时间，不修改则可直接按回车键。

21）ping——网络测试命令

功能：专用于 TCP/IP 协议的探测工具。

格式：ping［ip 地址］［/t］［/l］［/n］

使用说明：ping 命令对测试网络连接状况以及信息包发送和接收状况非常有用，这是 TCP/IP 协议中最有用的命令之一。它给另一个系统发送一系列的数据包，该系统本身又发回一个响应，这条实用程序对查找远程主机很有用，它返回的结果表示是否能到达主机，宿主机发送一个返回数据包需要多长时间。/t 表示将不间断向目标 IP 发送数据包，直到我们强迫其停止。/l 定义发送数据包的大小，默认为 32 字节，我们利用它可以最大定义到 65500 字节。/n 定义向目标 IP 发送数据包的次数，默认为 3 次。

22）ipconfig——查看网络配置命令

功能：用于查看计算机当前的网络配置信息。

格式：ipconfig［/all］［/release］［/renew］

使用说明：/all：显示计算机的所有网络信息，包括 IP 地址、MAC 地址及其他相关信息。/release：释放计算机当前获得的 IP 地址。/renew：从 DHCP 服务器重新获得 IP 地址。如果不用此命令，要想重新获得一个 IP 地址信息，需要重新启动计算机或注销计算机。

23）nbtstat——NetBios 信息查询命令

功能：专用于 NetBios 协议的信息探测。

格式：nbtstat［/a］［/A］［/n］

使用说明：该命令使用 TCP/IP 上的 NetBios 显示协议统计和当前 TCP/IP 连接，使用这个命令可以得到远程主机的 NetBios 信息，比如用户名、所属的工作组、网卡的 MAC 地址等。使用/a 这个参数，可通过远程主机的机器名称，得到它的 NetBios 信息；使用/A 这个参数，可通过远程主机的 IP，得到它的 NetBios 信息；/n 列出本地机器的 NetBios 信息。

24）netstat ——网络状态查询命令

功能：专用于查看网络状态。

格式：netstat［/a］［/r］IP

使用说明：/a 表示查看本地机器的所有开放端口，可以有效发现和预防木马，可以知道机器所开放的服务等信息，可以看出本地机器开放有 FTP 服务、Telnet 服务、邮件服务、Web 服务等；使用/r 表示列出当前的路由信息，告诉我们本地机器的网关、子网掩码等信息。

25）tracert ——跟踪路由信息命令

功能：跟踪路由信息。

格式：tracert IP

使用说明：使用此命令可以查出数据从本地机器传输到目标主机所经过的所有途径，这对我们了解网络布局和结构很有帮助。

26）net ——网络专用命令

功能：进行网络相关的功能处理，功能非常全。

格式：net［命令参数］

使用说明：这个命令是网络命令中最重要的一个，功能非常强大，这里重点介绍几个常用的子命令。net view：使用此命令查看远程主机的所有共享资源。net use：把远程主机的某个共享资源映射为本地盘符，命令格式为：net use x：\\IP\sharename［/password：xx/user：xx］。net start［servername］：使用它来启动远程主机上的服务。当用户和远程主机建立连接后，如果发现它的哪项服务没有启动，而用户又想利用此服务，那就使用这个命令来启动。net stop［servername］：停掉远程主机上的服务。net user：查看和账户有关的情况，包括新建账户、删除账户、查看特定账户、激活账户、账户禁用等。这对我们入侵是很有利的，最重要的是它为我们克隆账户提供了前提。例如：net user abc 123/add 表示新建一个用户名为 abc，密码为 123 的账户。net user abc/del 表示将用户名为 abc 的用户删除。net localgroup 表示查看所有与用户组有关的信息和进行相关操作。net time IP 表示查看远程主机当前的时间。

27）at ——设计执行计划命令

功能：安排在特定日期或时间执行某个特定的命令和程序。

格式：at time command IP

使用说明：这个命令的作用是安排在特定日期或时间执行某个特定的命令和程序。知道了远程主机的当前时间，就可以利用此命令让其在以后的某个时间（比如 2 分钟后）执行某个程序和命令。

28）ftp ——远程文件传输命令

功能：以 ftp 协议实现网络远程文件传输，包括下载文件、上传文件等。

格式：ftp

使用说明：在提示符下键入 open IP 后按回车键，这时就出现了登录窗口，输入用户名和密码，就成功建立了 ftp 连接，然后就可以使用 ftp 子命令进行文件操作，例如下载文件用 get，上传文件用 put，列出文件名用 list（或 dir），更改当前目录用 cd 等，可以输入 help 查看其帮助信息。

29）telnet ——远程登录命令

功能：登录远程计算机，可以像在本地一样操作计算机。

格式：telnet

使用说明：可以输入 help 查看其帮助信息；在提示符下键入 open IP 后按回车键，这时就出现了登录窗口，输入用户名和密码，就成功建立了 telnet 连接，这时候就在远程主机上具有了和此用户一样的权限，可以使用各种命令操作计算机。

30）shutdown ——关机命令

功能：关闭计算机（包括远程）。

格式：shutdown [/a][/s][/f][/m][/i][/l][/r][/t：xxx][/c：]

使用说明：/a 表示取消关机；/s 表示关机；/f 表示强行关闭应用程序；/m 表示计算机名，控制远程计算机；/i 表示显示图形用户界面，但必须是 shutdown 的第一个参数；/l 表示注销当前用户；/r 表示关机并重启；/t 表示时间，设置关机倒计时；/c："xxx"表示输入关机对话框中的消息内容。

**2. 命令行中的符号**

在命令行操作中，除具体命令外，符号的使用也是非常重要的。符号的使用是指在命令行中以下特殊字符具有特别的含义，下面对常用符号的使用进行说明。

1) ~符号

含义：① 在 for 中表示使用增强的变量扩展。② 在%var：~n，m%中表示使用扩展环境变量指定位置的字符串。③ 在 set/a 中表示一元运算符，将操作数按位取反。

2)！符号

含义：在 set/a 中的一元运算符，表示逻辑非。比如在 set/a a=！0 中，这里的 a 就表示逻辑 1。

3)@ 符号

含义：隐藏命令行本身的显示，常用于批处理中。

4) $ 符号

含义：① 在 findstr 命令中表示一行的结束。② 在 prompt 命令中表示将其后的字符转义(符号化或者效果化)。

5)%符号

含义：① 在 set/a 中的二元运算符，表示算术取余。②在命令行环境下，在 for 命令 in 前，后面接一个字符(可以是字母、数字或者一些特定字符)，表示指定一个循环或者遍历指标变量。③在批处理中，后面接一个数字表示引用本批处理当前执行时的指定的参数。④其他情况下,%将会被"脱去"(批处理)或保留(命令行)。

6)^符号

含义：① 取消特定字符的转义作用，比如 & ｜ ><! " 等，但不包括%。如果要在屏幕上显示一些特殊的字符，如> >> ｜ ^& ; 等符号时，就可以在其前面加一个^符号来显示这个^后面的字符，^^就是显示一个^，^｜ 就是显示一个 ｜ 字符。② 在 set/a 中的二元运算符，表示按位异或。③ 在 findstr/r 的[ ]中表示不匹配指定的字符集。

7)& 符号

含义：① 命令连接字符。比如要在一行文本上同时执行两个命令，就可以用 & 命令连接这两个命令。② 在 set/a 中是按位与。

8) * 符号

含义：① 代表任意一个任意字符，就是我们通常所说的通配符；比如想在 C 盘的根目录中查找 C 盘根目录里所有的文本文件(.txt)，那么就可以输入命令 dir c：\ * . txt。② 在 set/a 中的二元运算符，表示算术乘法。③ 在 findstr/r 中表示将前一个字符多次匹配。

9)-符号

含义：① 范围表示符，比如日期的查找,for 命令里的 tokens 操作中就可以用这个字符。② 在 findstr/r 中连接两个字符表示匹配范围。③-跟在某些命令的/后表示取反向的开关。④ 在 set/a 中表示负数或算术减运算。

10)+符号

含义：① 主要在 copy 命令里面会用到它，表示将很多个文件合并为一个文件，就要用到这个+字符了。② 在 set/a 中的二元运算符，表示算术加法。

11)：符号

含义：① 标签定位符，表示其后的字符串为变量标签，可以作为 goto 命令的作用对象。比如在批处理文件里面定义了一个：begin 标签，用 goto begin 命令就可以转到：begin 标签后面来执行批处理命令。② 在%var：string1＝string2%中是分隔变量名和被替换字符串关系。

12)｜符号

含义：① 管道符，就是将上一个命令的输出，作为下一个命令的输入 dir /a/b ｜more 就可以逐屏地显示 dir 命令所输出的信息。② 在 set/a 中的二元运算符，表示按位或。③ 在帮助文档中表示其前后两个开关、选项或参数是二选一的。

13)/符号

含义：① 表示其后的字符(串)是命令的功能开关(选项)。比如 dir /s/b/a-d 表示 dir 命令指定的不同的参数。② 在 set/a 中表示除法。

14)>符号

含义：① 命令结果重定向符，例如：echo Hello Command >d：\h.txt 的作用是将"Hello Command"写入 h.txt 文件中。dir >c：\d.txt 的作用是将 dir 当前目录的内容输出到 d.txt 文件中。② 在 findstr/r 中表示匹配单词的右边界，需要配合转义字符 \ 使用。

15)<符号

含义：① 将其后面的文件的内容作为其前面命令的输入，与>对应。② 在 findstr/r 中表示匹配单词的左边界，需要配合转义字符 \ 使用。

16)＝符号

含义：① 赋值符号，用于变量的赋值。比如"set a＝windows"的意思是将"windows"这个字符串赋给变量"a"。② 在 set/a 中表示算术运算，比如"set /a x＝5-6＊5"。

17)\ 符号

含义：① 在有些情况下，\ 符号代表的是当前路径的根目录，比如当前目录在 c：\windows\system32 下，那么输入 dir\的话，就相当于输入了 dir c：\windows\system32\。② 在 findstr/r 中表示正则转义字符。

18)，符号

含义：① 在 set /a 中表示连续表达式的分割符。② 在某些命令中表示分割元素。

19).符号

含义：① 在路径的 \ 后紧跟或者单独出现时，一个"."表示当前目录，两个"."表示上一级目录。② 在路径中的文件名中出现时，最后的一个"."表示主文件名与扩展文件名的分隔。

20) ? 符号

含义：① 在 findstr/r 中表示在此位置匹配一个任意字符。② 在路径中表示在此位置通配任意一个字符。③ 紧跟在/后表示获取命令的帮助文档。

21) && 符号

含义：连接两个命令，当 && 前的命令成功时，才执行 && 后的命令。

22) ‖ 符号

含义：连接两个命令，当 ‖ 前的命令失败时，才执行 ‖ 后的命令。

23) >& 符号

含义：将一个句柄的输出写入另一个句柄的输入中。

24) <& 符号

含义：从一个句柄读取输入并将其写入另一个句柄的输出中。

25) %% 符号

含义：① 两个连续的%表示在预处理中脱为一个%。② 批处理中，在 for 语句的 in 子句之前，连续两个%紧跟一个字符（可以是字母、数字和一些特定字符），表示指定一个循环或者遍历指标变量。③ 批处理中，在 for 语句中，使用与 in 之前指定的指标变量相同的串，表示引用这个指标变量。

26) >> 符号

含义：① 命令重定向符，将其前面的命令的输出结果追加到其后面。与>符号的功能相同。例如 dir >>c:\d. txt 的作用是将 dir 当前目录的内容输出到 d. txt 文件中。② 在 set/a 中的二元运算符，表示逻辑右移。

27) = = 符号

含义：在 if 命令中判断 = = 两边的元素是否相同。

28) << 符号

含义：在 set /a 中的二元运算符，表示逻辑左移。

29) \ < 符号

含义：在 findstr 的一般表达式中表示字的开始处。

30) \ > 符号

含义：在 findstr 的一般表达式中表示字的结束处。

31) !! 符号

含义：使用!! 将变量名括起来表示对变量值的引用。

32) ' '符号

含义：① 在 for/f 中表示将它们包含的内容当作命令行执行并分析其输出。② 在 for/f "usebackq"中表示将它们包含的字符串当作字符串进行分析。

33) ( )符号

含义：① 命令包含或者是具有优先权的界定符，比如 for 命令要用到( )符号，我们还可以在 if，echo 等命令中使用该符号。② 在 set /a 中表示表达式分组。

34)" "符号

含义：① 界定符，在表示带有空格的路径时常要用" "将路径括起来，在一些命令里面也需要" "符号。② 在 for/f 中表示将它们包含的内容当作字符串进行分析。③ 在 for/f "usebackq"中表示将它们包含的内容当作文件路径并分析其文件的内容。④表示其中的内容是一个完整的字符串。

35) `` 符号

含义：在 for/f 中表示将它们所包含的内容当作命令行执行并分析它的输出。

36)［ ］符号

含义：① 在帮助文档中表示其中的开关、选项或参数是可选的。② 在 findstr /r 中表示按其中指定的字符集匹配。

37) += 、− = 、 * = 、/ =、% = 、^= 、& = 、| = 、<<= 、>>= 等符号

含义：这些符号均以=结尾，在 set /a 中的二元运算中算自运算，例如 a+= 1，含义是 a= a+1。

**3. 命令行快捷键**

1) Ctrl+C 快捷键

作用：终止当前执行的命令。

2) Ctrl+Break 快捷键

作用：终止当前执行的命令，与 Ctrl+C 相同。

3) Ctrl+Z 快捷键

作用：暂停当前执行的命令，将当前执行的命令放入后台。

4) prtSc 快捷键

作用：将当前屏幕的内容在打印机中打印出来。

5)↑快捷键

作用：调出最近执行命令中的前一条命令。

6)↓快捷键

作用：调出最近执行命令中的后一条命令。

## 2.1.2　命令行扩展工具 conda

为便于使用基于命令行的软件，我们需要安装一些基于命令行的辅助工具，帮助我们进行一些必要的操作，例如从网络里下载文件，检查软件模块，检查工具软件文件完整性等。其实基于命令行的辅助工具非常多，常用的有 conda、pip、git 等。

conda 是一个开源的软件包管理系统和环境管理系统，用于安装多个版本的软件包及其依赖关系，并在它们之间轻松切换。conda 是为 Python 程序创建的，适用于 Linux，MacOS 和 Windows 等，也可以打包和分发其他软件。conda 分为 anaconda 和 miniconda。anaconda 包含一些常用包的版本，miniconda 则是精简版。

目前国内大学提供 conda 镜像的网址：

清华大学：https：//mirrors. tuna. tsinghua. edu. cn/help/anaconda/

北京外国语大学：https：//mirrors. bfsu. edu. cn/help/anaconda/

南京邮电大学：https：//mirrors. njupt. edu. cn/help/anaconda/

南京大学：http：//mirrors. nju. edu. cn/help/anaconda/

重庆邮电大学：http：//mirror. cqupt. edu. cn/help/anaconda/

上海交通大学：https：//mirror. sjtu. edu. cn/help/anaconda/

哈尔滨工业大学：http：//mirrors. hit. edu. cn/help/anaconda/

**1. conda 的安装**

conda 的安装分 Windows 平台下的安装和非 Windows 平台安装，下面以 Windows 平台为例进行介绍。

Windows 平台下的安装非常简单，首先到 conda 官网或其镜像网下载安装包，下载后点击"运行"即可，具体流程如下。

1）下载

在浏览器中输入 conda 相关网站地址，如：https：//www. anaconda. com/products/distribution，即可见到如图 2-1 所示界面。

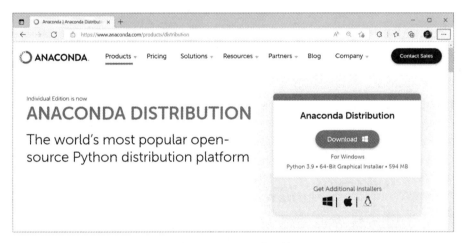

图 2-1　conda 下载网站

在界面中选择 Download 即可开始下载，注意系统可能需要你允许保存下载的文件，如图 2-2 所示，一定要选择"保留"。

图 2-2　下载后的保存提醒

2）安装

下载好的文件通常为：Anaconda3-xxxx. xx-Windows-x86_64. exe，其中 xxxx. xx 是版本号。

使用鼠标双击运行，可见到如图 2-3 所示安装界面 1。

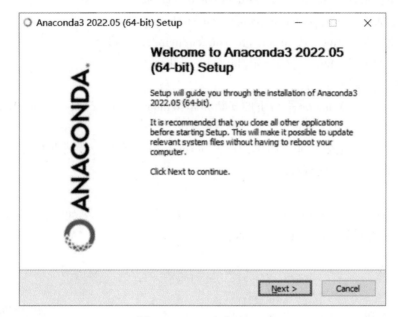

图 2-3　conda 安装界面 1

选择"Next"，进入安装界面 2，如图 2-4 所示。

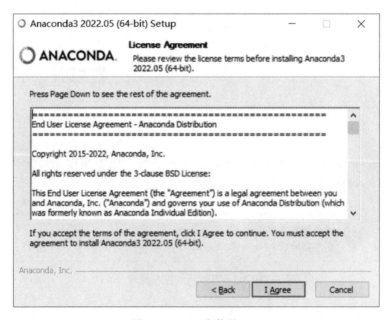

图 2-4　conda 安装界面 2

选择"I Agree"，进入安装界面 3，如图 2-5 所示。

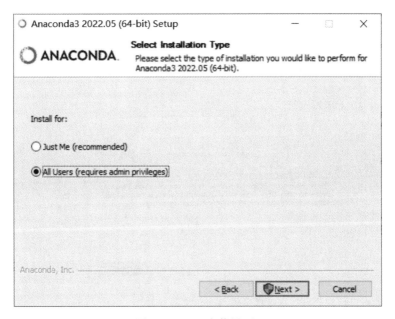

图 2-5 conda 安装界面 3

选择"Next"，进入安装界面 4，如图 2-6 所示。

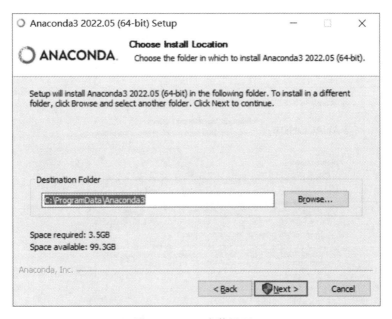

图 2-6 conda 安装界面 4

　　这个界面中要选择或输入软件的安装位置，通常可以不修改。继续选择"Next"，进入安装界面 5，如图 2-7 所示。

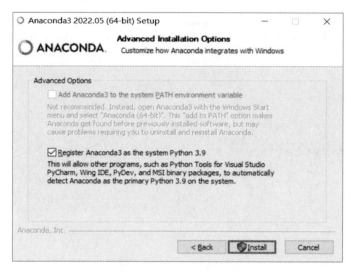

图 2-7　conda 安装界面 5

　　这个界面中，第一个选项"Add Anaconda3 to the system PATH⋯"的意思是将 conda 的安装路径添加到系统 Path 变量中，这样处理的结果是只要在 Windows 中，无论在哪里运行 conda 或者 python 都可以自动找到 conda 或 python，这种方式比较适合入门初学者。其坏处是无法设置不同的环境，系统总是启动默认的环境，对于熟悉 conda 的用户，一般喜欢自己设置环境，让系统有多种选择。我们以初学者身份选择第一个选项后，进入安装界面 6，如图 2-8 所示。

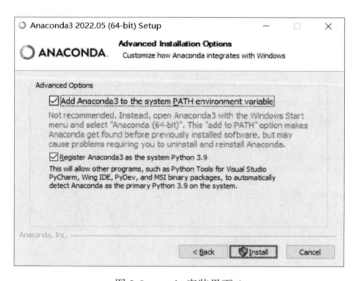

图 2-8　conda 安装界面 6

选择"Install",进入安装界面 7,如图 2-9 所示。

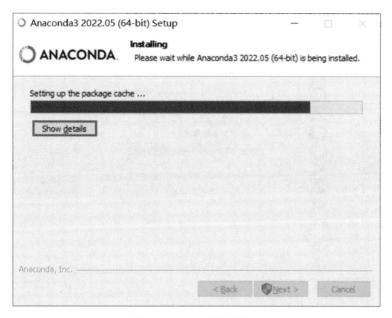

图 2-9 conda 安装界面 7

等待进度条结束后,选择"Next",进入安装界面 8,如图 2-10 所示。

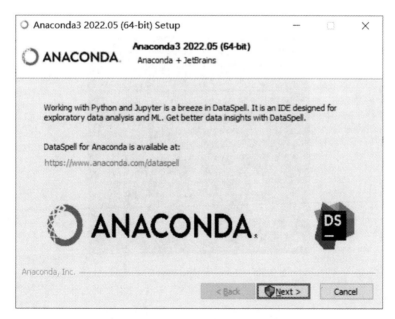

图 2-10 conda 安装界面 8

选择"Next"，进入安装界面 9，如图 2-11 所示。

图 2-11　conda 安装界面 9

选择"Finish"，结束安装。安装后，可以在 Windows 菜单中看到安装好的 conda 菜单项，如图 2-12 所示。

图 2-12　conda 安装后的开始菜单项

至此，Windows 平台的 conda 就安装完成，以后可以在命令行内直接使用 conda 命令，也可以在开始菜单中选择"Anaconda Prompt（Anaconda3）"启动命令行窗口，开始使用 conda 相关命令。

**2. conda 的使用**

conda 提供的所有辅助功能主要体现在其命令中，其最大的能力是提供了自动下载和安装 python 相关软件模块的功能，通过 conda 我们不需要用浏览器寻找软件下载位置，而是直接用一个命令就可以实现软件及模块的安装。conda 会自动在 conda 注册过的网站搜索合适的下载源，然后下载软件并安装。值得注意的是，pip 命令与 conda 命令类似，大多数情况下可互换，由于 pip 更容易记忆和输入，更多的人喜欢用 pip 命令。常用的 conda 命令如下：

1）安装软件模块命令

conda install xxx（软件名称）

扩展：conda install xxx（软件名称）= xx（软件版本号）

2）卸载软件模块命令

conda remove xxx（软件名称）

conda uninstall xxx（软件名称）

3）搜索软件模块命令

conda search xxx（软件名称）

4）查看安装好的软件模块命令

conda list

5）启动（激活）conda 命令

conda activate（安装的时候选择不添加到环境时，需要激活）

6）退出 conda 命令

conda deactivate

7）批量安装软件包命令

conda install-r requirements. txt

8）创建虚拟环境

conda  create  --name  env_name

conda  create  --name  env_name python＝3.5 #创建时指定 python 版本

conda  create  --name  env_name python＝3.5 numpy scipy #创建时指定 python 版本，并安装 numpy 和 scipy

9）激活/使用/进入某个虚拟环境

activate  env_name

10）退出当前环境

deactivate

11）复制某个虚拟环境

conda  create  --name  new_env_name  --clone  old_env_name

12）删除某个环境

conda  remove  --name  env_name  --all

13）查看当前所有环境

conda  info  --envs 或者 conda  env  list

29

14）分享虚拟环境

conda env export > environment. yml

含义：将虚拟环境保存到 environment. yml。

conda env create-f environment. yml

含义：从 environment. yml 中创建虚拟环境。

15）源服务器管理

将 conda 当前的源设置在 . condarc 文件中，可通过文本查看器查看或者使用命令 >conda config--show-sources 查看。

（1）conda config--show-sources

含义：查看当前使用的数据源，也就是下载服务器地址列表。

（2）conda config--remove channels xxxx

含义：删除指定源。

（3）conda config--add channels xxx

含义：添加新的数据源到数据源列表中。

## 2.2　GPU 基础

### 2.2.1　GPU 概述

20 世纪 80 年代初期，出现以 GE（Geometry Engine，几何引擎）为代表的具有大规模集成电路特征的计算机图形处理器。GE 芯片的出现使得计算机图形学的发展进入图形处理器引导其发展的年代。1998 年 10 月出现第一代 NV4 图形处理器，用于 Riva TNT 显卡，采用 0.35μm 工艺制造，集成 700 万个晶体管。1999 年 4 月出现第二代 NV5 图形处理器，主要用于 NVIDIA TNT2，采用 0.25μm 工艺制造，集成 1500 万个晶体管，支持 DirectX 7 和 OpenGL。NV5 处理器能够在光栅化三角形时使用一个或两个纹理，也实现了 DirectX 6 的特征集。但是，此时的显卡仍然只负责 3D 加速，而 3D 模型的几何运算、顶点变换和复杂的光照效果都要由 CPU 来完成。1999 年 9 月对于现代图形处理器来说具有重要意义，NVIDIA 首次提出了"GPU"（Graphic Processing Unit）的概念，并将其定义为：拥有整合的 T&L（Transfer and Light）、三角形建立、裁剪和渲染引擎，性能至少达到每秒 1 千万三角形或以上的图形芯片。此时的 GPU 将 T&L 功能从 CPU 分离出来，实现了顶点的快速变换。2001 年 3 月以 GeForce 3 为代表的第四代 GPU 再次发生一次重要变革，首先引入了可编程的顶点着色器（Vertex Shader）单元和不可编程的像素处理器，并且两者都能完成 32 位单精度浮点运算，采用 0.15μm 工艺制造，晶体管猛增到 5700 万个。2003 年 5 月以 GeForce FX 系列为代表的第五代 GPU，像素和顶点都支持编程，标志着 GPU 进入完全可编程时代。此后 GPU 进入快速发展时代，GPU 的峰值浮点运算能力以每年 2.5~3 倍的速度增长，远高于 CPU 的增长速度。特别是在 2006 年，GPU 发展为多核处理技术，而且核心数远多于 CPU。目前 GeForce RTX 4090 的 GPU 提供了 16128 个计算机核心，这个算力 CPU 无法比拟。

随着 GPU 性能的大幅度提升及其可编程能力的提高，研究人员将大量图形算法从 CPU 向 GPU 转移，如光照计算、深度检测、光栅化、反走样，等等。除了计算机图形学本身的应用，很多领域开始使用 GPU 进行高性能计算，例如 2003 年由 Kenneth Moreland 和 Edward Angel 提出了利用 GPU 实现快速傅里叶变换，Hillesland 等利用 GPU 实现最速下降法和共轭梯度法求解带有简单约束和规则化的非线性最小二乘优化问题。

在研究人员利用 GPU 进行各种处理的同时，GPU 厂商也提供了大量应用示范案例和开发包，例如 NVIDIA 提供了 CUDA 开发包、AMD 提供了 StramSDK 等，这些开发包为研究人员提供了方便快捷的编程模型，加速了 GPU 的应用。

2013 年，在加州大学伯克利分校学习的博士生贾扬清意外得到了一块 NVIDIA 提供的 K20 加速卡，在这个契机下贾扬清在写毕业论文的同时，开始编写利用 GPU 进行深度学习的框架用于开展相关实验，经过半年的独立开发，这个框架在伯克利研究组内获得了良好的试用反响。贾扬清将框架命名为 Caffe，在 2013 年底对外开放所有源代码，成为当时业内第一个使用 GPU 的深度学习框架，引起了业界的好评及支持，这一举措也再次打开了机器学习的大门，从此 GPU 加速卡成为机器学习的标准计算设备。

## 2.2.2 GPU 与并行计算

CPU 的最初设计宗旨是在单个计算单元上对数据进行处理，要从指令流中得到最高的处理效能，要用最短的时间完成一项任务，这实际上是一种串行处理过程，串行计算架构的 CPU 显然不适合高性能计算强调的并行计算工作。并行计算需要同时使用多种计算资源解决计算问题。具体地讲就是在多个计算单元上快速完成某个任务，其基本规则是将任务分解成多个子任务，分配给不同的计算单元，各个计算单元之间相互协同，同时执行子任务。并行计算可分为时间上的并行计算和空间上的并行计算，其在时间和空间上都比串行计算效率更高。时间上的并行就是指流水线技术，而空间上的并行则是指用多个处理器并发的执行计算。GPU 能在屏幕上合成显示数百万像素的图像——也就是同时有几百万个任务需要并行处理，因此 GPU 必须采用大量计算核心共同运转来提高数据处理能力。

从 NVIDIA 的 G80 系列开始，GPU 的设计便采用了统一渲染架构实现矢量计算。由于顶点着色器和像素着色器的基本计算元素都是 4 维数据（顶点采用齐次坐标 x，y，z，w，颜色包括 r，g，b，a），因此在渲染架构中将这两个部件合并为一个统一的计算单元 CUDA 核。每个 CUDA 核中的 ALU 都被设计为最基本的标量数据运算单元，ALU 可以在一周期内完成乘加操作。当遇到 $n$ 维矢量计算的时候，GPU 会将其拆分为 $n$ 个 1 维的数据交给 $n$ 个 CUDA 核同时计算，这样 GPU 就实现了矢量计算，即所有分量同时完成计算。矢量计算的本质是一种并行运算，CPU 执行的是标量计算，要实现矢量计算必须通过循环多次处理，而 GPU 在设计之初就考虑了矢量计算，因此 GPU 天生具有并行运算能力。

## 2.2.3 GPU 开发平台

由于 GPU 与 CPU 在架构上完全不同，软件要在 GPU 上运行，就必须通过特定的环境或接口进行转换。通俗地说，就是需要一种工具，把程序员的语言翻译成 GPU 听得懂的语言。这个工具，就叫作 GPU 通用计算 API。目前主流的通用计算 API 包括 OpenCL、

Direct Compute、CUDA、ATI Stream 等。其中 Direct Compute 和 OpenCL 是开放标准，CUDA 是基于 nVIDIA CUDA 架构的私有标准，ATI Stream 是基于 ATI 的私有标准。

**1. CUDA**

CUDA(Compute Unified Device Architecture，统一计算架构)，是显卡厂商 NVIDIA 推出的运算平台，是一种由 NVIDIA 推出的通用并行计算架构，该架构使 GPU 能够解决复杂的计算问题。它包含了 CUDA 指令集架构(ISA)以及 GPU 内部的并行计算引擎。开发人员可以使用 C 语言来为 CUDA 架构编写程序，所编写出的程序可以在支持 CUDA 的处理器上以超高性能运行。目前为止基于 CUDA 的 GPU 销量已达数百万，软件开发商、科学家以及研究人员正在各个领域中运用 CUDA，其中包括图像与视频处理、计算生物学和化学、流体力学模拟、CT 图像再现、地震分析以及光线追踪等。随着显卡的发展，GPU 越来越强大，而且 GPU 为显示图像做了优化，在算力上已经远超通用 CPU。不是所有 NVIDIA 的显示卡都支持 CUDA，目前，只有 G80、G92、G94、G96、GT200、GF100、GF104、GF106、GF110、GF114、GF116、GK110、GK104、GK106、GK107、GM107、GM200、GM204、GM206、GP102、GP104、GP106、GP107、TU102、TU104、TU106、TU116、TU117 等 NVIDIA 显卡支持 CUDA。

CUDA 的 SDK 中的编译器和开发平台支持 Windows、Linux 系统，可以与 Visual Studio 2005、2008、2010、2013、2015、2017、2019、2022 等集成在一起。CUDA 为软件提供了硬件的直接访问接口，而不必像传统方式一样必须依赖图形 API 接口来实现 GPU 的访问。在架构上采用了一种全新的计算体系结构来使用 GPU 提供的硬件资源，从而给大规模的数据计算应用提供了一种比 CPU 更加强大的计算能力。CUDA 采用 C 语言作为编程语言，提供了大量的高性能计算指令开发能力，使开发者能够在 GPU 的强大计算能力的基础上建立起一种效率更高的密集数据计算解决方案。从 CUDA 体系结构的组成来说，CUDA 包含了三个部分：开发库、运行期环境和驱动。

开发库是基于 CUDA 技术所提供的应用开发程序。CUDA 1.1 版提供了两个标准的数学运算库——cuFFT(离散快速傅里叶变换)和 cuBLAS(离散基本线性计算)的实现。这两个数学运算库所解决的是典型的大规模的并行计算问题，也是在密集数据计算中非常常见的计算类型。开发人员在开发库的基础上可以快速、方便地建立起自己的计算应用。此外，开发人员也可以在 CUDA 的技术基础上实现更多的开发库。

运行期环境提供了应用开发接口和运行期组件，包括基本数据类型的定义和各类计算、类型转换、内存管理、设备访问和执行调度等函数。基于 CUDA 开发的程序代码在实际执行中分为两种，一种是运行在 CPU 上的宿主代码(Host Code)，另一种是运行在 GPU 上的设备代码(Device Code)。不同类型的代码由于其运行的物理位置不同，能够访问到的资源不同，因此对应的运行期组件也分为公共组件、宿主组件和设备组件三个部分，基本上囊括了所有在 GPU 开发中所需要的功能和能够使用到的资源接口，开发人员可以通过运行期环境的编程接口实现各种类型的计算。

驱动部分可以理解为是 CUDA-enable 的 GPU 的设备抽象层，提供硬件设备的抽象访问接口。CUDA 提供运行期环境也是通过这一层来实现各种功能的。基于 CUDA 开发的应用必须有 NVIDIA CUDA-enable 的硬件支持，NVIDIA 公司 GPU 运算事业部总经理 Andy

Keane 在一次活动中表示：一个充满生命力的技术平台应该是开放的，CUDA 未来也会向这个方向发展。由于 CUDA 的体系结构中有硬件抽象层的存在，因此今后也有可能发展成为一个通用的 GPU 标准接口，兼容不同厂商的 GPU 产品。

**2. OpenCL**

OpenCL(Open Computing Language，开放运算语言)是一个面向异构系统通用目的并行编程的开放式、免费标准，也是一个统一的编程环境，便于软件开发人员为高性能计算服务器、桌面计算系统、手持设备编写高效轻便的代码，而且广泛适用于多核心处理器、图形处理器、Cell 类型架构以及数字信号处理器(DSP)等其他并行处理器，在游戏、娱乐、科研、医疗等各种领域都有广阔的发展前景。

OpenCL 由一门用于编写 kernels(在 OpenCL 设备上运行的函数)的语言(基于 C99)和一组用于定义并控制平台的 API 组成。OpenCL 提供了基于任务分割和数据分割的并行计算机制。OpenCL 类似于另外两个开放的工业标准 OpenGL 和 OpenAL，这两个标准分别用于三维图形和计算机音频方面。OpenCL 扩展了 GPU 用于图形生成之外的能力。OpenCL 由非营利性技术组织 Khronos Group 掌管。

OpenCL 最初由苹果公司开发，苹果公司拥有其商标权，并在与 AMD、IBM、英特尔和 NVIDIA 技术团队的合作之下初步完善。随后，苹果公司将这一草案提交至 Khronos Group。在 2008 年 6 月的 WWDC 大会上，苹果公司提出了 OpenCL 规范，旨在提供一个通用的开放 API，在此基础上开发 GPU 通用计算软件。随后，Khronos Group 宣布成立 GPU 通用计算开放行业标准工作组，以苹果公司的提案为基础创立 OpenCL 行业规范。2008 年 11 月 18 日，该工作组完成了 OpenCL 1.0 规范的技术细节。2009 年 6 月，NVIDIA 发布了支持 OpenCL 1.0 通用计算规范的驱动程序，支持 Windows 和 Linux 操作系统。2009 年 8 月初，AMD 首次发布了可支持 IA 处理器(x86 和 amd64/x64)的 OpenCL SDK，并交由业界标准组织 KHRONOS 进行审核。目前，该 SDK 更名为 AMD APP SDK。2012 年 2 月，英特尔公司发布了 The Intel&reg; SDK for OpenCL * Applications 2012，支持 OpenCL 1.1 基于带 HD4000/2500 的显示核心的第三代酷睿 CPU(i3，i5，i7)和 GPU。移动平台方面，目前高通 adreno320/330/400/500 系列提供了 Android 上的 OpenCL1.2 或者 2.0 支持，NVIDIA 的 Tegra K1 也提供了 OpenCL 支持。2010 年 6 月 14 日，OpenCL 1.1 发布。2011 年 11 月 15 日，OpenCL 1.2 发布。2013 年 11 月 19 日，OpenCL 2.0 发布。

OpenCL 的组成主要包括 OpenCL 平台 API，OpenCL 运行时 API，OpenCL 编程语言三部分。

OpenCL 平台 API：平台 API 定义了宿主机程序发现 OpenCL 设备所用的函数以及这些函数的功能，另外还定义了为 OpenCL 应用创建上下文的函数。

OpenCL 运行时 API：这个 API 管理上下文来创建命令队列以及运行时发生的其他操作。例如，将命令提交到命令队列的函数就来自 OpenCL 运行时 API。

OpenCL 编程语言：这是用来编写内核代码的编程语言。它基于 ISO C99 标准的一个扩展子集，因此通常称为 OpenCL C 编程语言。

把这三部分汇集起来，就形成了 OpenCL 的系统架构，如图 2-13 所示。

OpenCL 处理过程包：首先定义上下文的宿主机，如图 2-13 中上下文包含两个

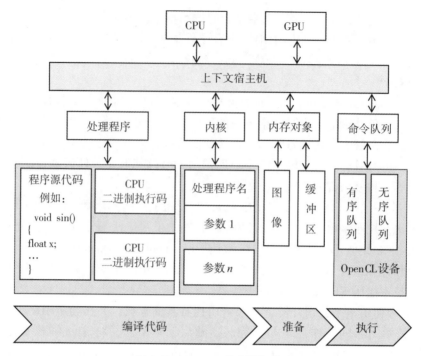

图 2-13　OpenCL 的系统架构

OpenCL 设备、一个 CPU 和一个 GPU；接下来定义命令队列，这里有两个队列，一个是面向 GPU 的有序命令队列，另一个是面向 CPU 的乱序命令队列；然后定义一个程序对象，这个程序对象编译后将为两个 OpenCL 设备(CPU 和 GPU)生成内核；再定义程序所需的内存对象，并把它们映射到内核的参数；最后将命令放入命令队列并执行这些内核。

**3. OpenGL/GLSL**

OpenGL/GLSL(OpenGL Shading Language，着色语言)是用于处理着色问题的一种编程语言，开发人员通过着色语言可以编写着色处理的程序，并在 GPU 中执行，实现着色处理，替代固化在 GPU 中的渲染管线，让渲染管线具有可编程性。

这里的渲染管线是计算机绘制图形的过程，绘图中最基本的操作是着色器，也就是绘制函数。OpenGL/GLSL 定义的着色器主要包括三部分：顶点着色器(Vertex Shader)、片段着色器(Fragment Shader)和几何着色器(Geometry Shader)。着色器是渲染管线的基本组成单元，顶点着色器、片段着色器和几何着色器组合起来可实现各种复杂图形的绘制。顶点(Vertex)就是组成图形的基本点，例如三角形包括 3 个顶点，矩形包括 4 个顶点；片段(Fragment)是组成图形的像素；几何(Geometry)指要绘制的形状，例如 4 个顶点，可以组成两个三角形、一个四边形或者两条线。渲染管线就是利用着色器对这 3 个基本元素进行操作，实现图形绘制。为了实现各种图形的绘制，就需要设计图形对应的着色器代码，这些代码的编写当然需要某种编程语言，OpenGL/GLSL 是实现着色器编程的语言之一，类似的编程语言还有 DirectX/HLSL(High Level Shader Language，高级着色语言)。为实现图形显示，图形渲染管线流程需要进行以下几个步骤：

（1）准备好顶点数据和顶点连通性数据。顶点数据包括顶点的位置、颜色、纹理坐标、法线等数据，而顶点连通性数据则是描述顶点之间如何连接组合的数据，如这边两个顶点是连成一条线，这边三个顶点组成一个三角形。

（2）将第一步获取的顶点数据进行处理，包括顶点位置变换，顶点光照计算，生成纹理坐标等操作，处理完后输出到下一步。

（3）根据上面提供的顶点数据和顶点连通性数据，将点连成线，线连成面。把零零散散的顶点组装成一个一个的图元，并且将图元进行栅格化，形成片段，也就是带位置信息的像素。片段除了位置外，还包含颜色，OpenGL 会根据图元各个顶点的颜色，纹理坐标进行插值，得出每个片段的颜色。这个阶段还会对不在视口范围中的内容进行裁剪。

（4）对第三步输出的片段进行处理，包括对颜色进行处理、丢弃、雾化等。

（5）为即将呈现到屏幕上的内容进行最后的处理，即对每个片段进行一系列的测试：裁剪测试，判断是否在设定的裁剪窗口中，如果是则通过，否则不渲染当前片段。Alpha测试，判断当前片段的透明度是否符合 glAlphaFunc( ) 函数设定的条件（如透明度大于0.5），如果是则通过，否则不渲染当前片段。模板测试，判断当前片段模板值与模板缓冲区中对应的模板值是否符合 glStencilFunc( ) 函数设定的条件，如果是则通过，否则不渲染当前片段。深度测试，判断片段的前后遮挡关系，判断当前片段的深度值和深度缓冲区中对应的值是否符合 glDepthFunc( ) 函数设定的条件，如果是则通过，否则不渲染当前片段。最后，如果测试都通过了的话，会根据当前的混合模式将片段更新到帧缓冲区里对应的像素中，当屏幕刷新时，帧缓冲区的内容会被渲染到屏幕上。

GLSL 使用 C 语言作为基础着色语言，支持的数据包括基本类型、向量类型和矩阵类型。

基本数据类型只有三种：float、int、bool。

向量类型包括：浮点数向量 vec2、vec3、vec4，可以存储 2~4 个浮点数值；整数向量ivec2、ivec3、ivec4，可以存储 2~4 个整数数值；布尔型向量 bvec2、bvec3、bvec4，可以存储 2~4 个布尔型数值。向量的操作是很灵活的，可以使用下标来访问向量的分量，也可以使用 x、y、z、w 字段来访问向量的成员，使用 r、g、b、a 字段可以访问颜色向量，使用 s、t、p、q 字段可以访问纹理坐标向量。

矩阵类型包括 mat2，mat3，mat4，分别代表 2×2、3×3、4×4 的矩阵类型数据，针对矩阵类型 GLSL 提供了很多采样器处理函数，也即矩阵卷积函数。

显然为了进行快速运算，这些 OpenGL/GLSL 编写的程序必定会充分利用 GPU 的强大计算能力，特别是硬件加速能力，实现快速处理。可见，虽然 OpenGL/GLSL 本身是用于显示图形的，但是我们也可以抛弃其显示目的，而充分利用其矩阵运算能力实现数据处理，只要通过适当的设计，可充分使用 OpenGL/GLSL 语言实现 GPU 编程。

**4. Direct Compute**

Direct Compute 是一种用于 GPU 通用计算的应用程序接口，支持微软的 Windows Vista、Windows 7 或更新版平台上运行的程序利用图形处理器（GPU）进行通用计算。Direct Compute 是 Microsoft DirectX 的一部分，虽然 Direct Compute 最初在 DirectX 11 API 中得以实现，但支持 DX10 的 GPU 可以利用此 API 的一个子集进行通用计算，支持 DX11 的

GPU 则可以使用完整的 Direct Compute 功能。

基于 Direct Compute 的应用程序在图像、视频处理方面可以充分利用 GPU 的高性能处理能力。例如 Windows 7 增加了视频即时拖放转换功能，可以将电脑中的视频直接转换到移动媒体播放器上，如果电脑中的 GPU 支持 Direct Compute，那么这一转换过程就由 GPU 完成，其转换速度将达到 CPU 的 5~6 倍。Internet Explorer 9 加入了对 Direct Compute 技术的支持，可以调用 GPU 对网页中的大计算量元素做加速计算，另外，Excel 2010、Powerpoint 2010 均提供 Direct Compute 技术支持。

### 5. Stream SDK

Stream SDK 是 AMD 提出的 GPU 计算流处理器软件包。AMD 在 2007 年 12 月发布了运行在 Windows XP 系统下的 Stream SDK v1.0，此 SDK 采用了 Brook+作为开发语言，Brook+是 AMD 对斯坦福大学开发的 Brook 语言(基于 ANSI C)的改进版本。Stream SDK 为开发者提供对系统和平台开放的标准以方便合作者开发第三方工具。软件包包含如下组件：支持 Brook+的编译器，支持流处理器设备的 CAL(Compute Abstraction Layer，纯计算层)，程序库 ACML(AMD Core Math Library，超威半导体公司的核心数学库)以及内核函数分析器。

在 Stream 编程模型中，在流处理器上执行的程序称为 Kernel(内核函数)，每个运行在 SIMD 引擎流处理器上的 Kernel 实例称为 Thread(线程)，线程映射到物理上的运行区域称为执行域。流处理器调度线程阵列到线程处理器上执行，直到所有线程完成后才能运行下一个内核函数。

Brook+是流计算的上层语言，抽象了硬件细节，开发者编写能够运行在流处理器上的内核函数，只需指定输入输出和执行域，无须知道流处理器硬件的实现。Brook+语言中的两个关键特性是：Stream 和 Kernel。Stream 是能够并行执行的相同类型元素的集合；Kernel 是能够在执行域上并行执行的函数。Brook+软件包包含 brcc 和 brt。brcc 是一个源语言对源语言的编译器，能够将 Brook+程序翻译成设备相关的 IL(Intermediate Language，中间语言)，这些代码被后续链接、执行。brt 是一个可以执行内核函数的运行时库，这些库函数有些运行在 CPU 上，有些运行在流处理器上。运行在流处理器上的核函数库称为 CAL。CAL 是一个用 C 语言编写的设备驱动库，允许开发者在保证前端一致性的同时对流处理器核心从底层进行优化。CAL 提供了设备管理、资源管理、内核加载和执行、多设备支持、与 3D 图形 API 交互等功能。同时，Stream SDK 也提供了常用数学函数库 ACML 供开发者快速获得高性能的计算。ACML 包括基本完整的线性代数子例程、FFT 运算例程、随机数产生例程和超越函数例程。

# 第 3 章　深度学习的数学基础

深度学习的主要手段是人工神经网络，具体做法是：建立一个包含很多级的复杂函数模型，然后给定一个输入进行结果计算，如果网络作出错误的判决，则通过调整网络参数，使网络减少下次犯同样错误的可能性。以输入包含"A""B"两个字母的影像识别为例，先给网络的各连接权值赋予(0，1)区间内的随机值，将"A"所对应的影像输入给网络，网络将影像加权求和、与门限比较、再进行非线性运算，得到网络的输出。在此情况下，网络输出为"1"和"0"的概率各为 50%，是完全随机的。这时如果输出为"1"（结果正确），则使连接权值增大，以便使网络再次遇到"A"模式输入时，仍然能作出正确的判断。显然，深度学习需要用很多数学函数来求解输入与输出之间的关系。通常的数据处理，输入与输出之间是比较简单的线性或非线性关系，例如控制点定向就是一个空间相似变换，是线性的，而相机畸变模型就是一个非线性的变换关系。这种简单的数据关系无法实现更复杂的对应，例如中英文之间的翻译就不能简单地用某个线性或非线性的关系进行描述，为此需要用更复杂的数学关系。那到底用什么样的模型来实现这些复杂运算呢？这里引入一个新概念：张量(Tensor)。

## 3.1　张量基础

### 3.1.1　张量概述

"张量"一词最初由威廉·罗恩·哈密顿在 1846 年引入，但他把这个词用于指代现在称为模的对象，该词的现代意义是沃尔德马尔·福格特(Woldemar Voigt)于 1899 年开始使用的。这个概念由格雷戈里奥·里奇-库尔巴斯特罗(Gregorio Ricci-Curbastro)于 1890 年在《绝对微分几何》中首次发表，之后，随着图利奥·列维-齐维塔(Tullio Levi-Civita)1900 年的经典文章《绝对微分》的出版而为大家所知。图利奥·列维-齐维塔是爱因斯坦在苏黎世联邦理工学院的同学，爱因斯坦从他那里学习了很多张量知识，并在广义相对论的论证中采用了大量张量微积分，张量也获得了更广泛的认可。特别提醒："张量"一词也用于其他领域，例如连续力学、应变张力等，此时的张量是张量场的简写，是描述流形场中每一点的数值。

张量在形式上是一种高维数组，是向量和矩阵向三维或更高维度空间的自然拓展。一个张量可以被视为 N 个矩阵或向量的堆叠。张量的阶数(orders)或者模数(modes)等于其维数(dimensions)。通常，标量(scalar)可被看作零阶张量；向量(vector)可被看作一阶张量；矩阵(matrix)可被看作二阶张量；而将矩阵拓展一个维度表示三维空间，则称为三阶张量(tensor)；阶数大于三的张量可统一叫作高阶张量。张量概念的引入，可以将传统的数据建模方式统一起来，在大数据时代，需要用张量对数据进行重新建模并改进算法。

在数学里，张量是一种几何实体，或者说广义上的"数量"。张量概念包括标量、向量和线性算子。张量可以用坐标系来表达，记作标量数组，但它的定义不依赖于参照系的选择。把一个数量称为张量不是说它需要一定数量的有指标索引分量，而是在坐标转换时，张量的分量值遵守一定的变换法则。张量的抽象理论是线性代数分支，现在叫作多重线性代数。显然，张量就是传统数值的一种泛化，基于张量的运算处理让数值计算的应用更加广泛。

与矩阵类似，通过元素所有阶上的索引即可获取该元素在某一高阶张量中的值。如元素 $T[i, j, k]$，即表示在三阶张量 $T$ 第一阶的第 $i$ 个索引，第二阶的第 $j$ 个索引，第三阶的第 $k$ 个索引所共同指向的空间处可找到该元素的值。

张量纤维(Fibers of Tensor)：通过固定张量的索引，仅保留某一阶上的索引可变，即可得到张量的纤维表示。如图 3-1 所示，对于三阶张量 $T$，共有三种不同的张量纤维表示。以 $T$ 的模 1 纤维为例，其可表示为 $T_{:,j,k}$，其中 $j = 1 : I_2$，$k = 1 : I_3$。

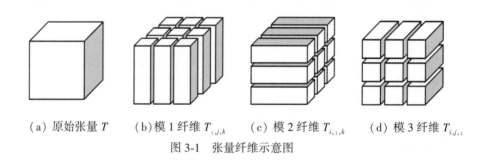

(a) 原始张量 $T$　　(b) 模 1 纤维 $T_{:,j,k}$　　(c) 模 2 纤维 $T_{i,:,k}$　　(d) 模 3 纤维 $T_{i,j,:}$

图 3-1　张量纤维示意图

张量切面(Slices of Tensor)：通过固定张量的索引，仅保留某两阶上的索引可变，即可得到张量的切面表示。如图 3-2 所示，对于三阶张量 $T$，共有三种不同的张量切面表示。以 $T$ 的水平切面为例，其可表示为 $T_{i,:,:}$，其中 $i = 1 : I_1$。

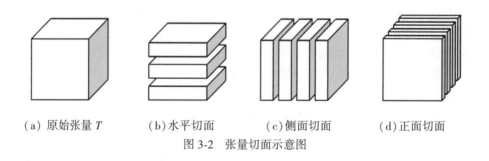

(a) 原始张量 $T$　　　(b) 水平切面　　　　(c) 侧面切面　　　　(d) 正面切面

图 3-2　张量切面示意图

张量的范数(Tensor Norm)：通常指张量的 Frobenius 范数，与矩阵的 Frobenius 范数类似，它是指此张量中所有元素的平方和的平方根，常用于度量两个张量间的相似性。

张量的矩阵展开（Matrix Unfolding of Tensor）：对于一个张量 $T \in \mathrm{R}^{I_1 \times I_2 \times I_3 \times \cdots \times I_n}$，可通过将该张量的模 $n$ 纤维按照顺序排列成列，这一维度的维数 $I_n$ 即为展开矩阵的行数，所有纤维的数量为展开矩阵的列数。

张量的矩阵折叠（Matrix Folding of Tensor）：对张量沿模 $n$ 展开的矩阵 $\boldsymbol{M}$ 进行的逆运算，记为 ford($\boldsymbol{M}$，$n$)。

张量的单模乘（n-mode Product of Tensor）：如果矩阵的列数与张量的 $n$ 维数相等，可以将矩阵与该张量的模 $n$ 纤维依次进行矩阵乘法运算，从而将该张量的第 $n$ 阶的维数从 $J_n$ 变为 $J_1$，如图 3-3 所示。

图 3-3　张量的单模乘示意图

张量的克罗内克积（Kronecker Product of Tensor）：对于两个张量 $A \in \mathrm{R}^{I_1 \times I_2 \times I_3 \times \cdots \times I_n}$ 与 $B \in \mathrm{R}^{J_1 \times J_2 \times J_3 \times \cdots \times J_n}$，通过克罗内克积的方式相乘可获得张量 $C \in \mathrm{R}^{I_1 \times I_2 \times I_3 \times \cdots \times I_n \times J_1 \times J_2 \times J_3 \times \cdots \times J_n}$，记为 $C=A \otimes B$。其具体规则为张量 $A$ 中的每一个元素都与张量 $B$ 中的每一个元素相乘，得到的新元素在 $C$ 中前 $N$ 个维度上的索引为 $A$ 中作为乘数的元素在 $A$ 中的索引，在后 $K$ 个维度上的索引为 $B$ 中作为乘数的元素在 $B$ 中的索引。

$$c_{i_1,i_2,\cdots,i_N j_1 j_2,\cdots,j_K}=a_{i_1,i_2,\cdots,i_N} \times b_{j_1 j_2,\cdots,j_K}$$

## 3.1.2　常见的张量数据

我们常见的张量数据包括如下类型：

**1. 标量数据**

标量是仅包含一个数字的张量，即 0 阶张量。例如在 Numpy 中，一个 float32 或 float64 的数字就是一个 0 阶张量。

**2. 向量数据**

向量是包含两个数字的张量，是 1 阶张量，两个数字分别位于两个轴，第一个称样本轴，第二个称特征轴。

**3. 序列数据**

当时间（或序列顺序）对于数据很重要时，应该将数据存储在带有时间轴的 3D 张量中。每个样本可以被编码为一个 2D 张量，形状为（samples，features）。一批数据组成 3D 张量，根据惯例，序列轴始终是第 2 个轴（索引为 1 的轴）。

**4. 图像数据**

图像通常具有三个维度：高度、宽度和颜色深度。虽然灰度图像只有一个颜色通道，可以用 2D 张量描述，但按照惯例，图像张量始终是 3D 张量，灰度图像的通道只有一维。因此，如果图像大小为 256×256，那么 128 张灰度图像组成的批量可以保存在一个形状为

（128，256，256，1）的张量中，而 128 张彩色图像组成的批量则可以保存在一个形状为（128，256，256，3）的张量中。

**5. 视频数据**

视频数据是现实生活中需要用到 5D 张量的少数数据类型之一。视频可以看作一系列帧，每一帧都是一张彩色图像。由于每一帧都可以保存在一个形状为（height，width，color_depth）的 3D 张量中，因此一系列帧可以保存在一个形状为（frames，height，width，color_depth）的 4D 张量中，而一组包含数个不同视频的数据则可以保存在一个 5D 张量中，其形状为（samples，frames，height，width，color_depth）。举个例子，一个以每秒 4 帧采样的 60 秒 YouTube 视频片段，视频尺寸为 144×256，这个视频共有 240 帧。4 个这样的视频片段组成的批量将保存在形状为（4，240，144，256，3）的张量中，总共有 106168320 个值。如果张量的数据类型（dtype）是 float32，每个值都是 32 位，那么这个张量共有 405MB，非常巨大。

## 3.1.3　典型张量运算及特点

**1. 逐元素运算**

ReLU（Rectified Linear Unit，线性修正单元）运算和加法（张量的形状相同）是逐元素（element-wise）运算的代表，即该运算独立地应用于张量中的每个元素，这些运算非常适合大规模并行。

**2. 广播**

如果将两个形状不同的张量相加，会发生什么？如果没有歧义的话，较小的张量会被广播（broadcast），以匹配较大张量的形状。广播包含以下两步：第一步是向较小的张量添加轴（叫作广播轴），使其维度与较大的张量相同；第二步是将较小的张量沿着新轴重复，使其形状与较大的张量相同。

**3. 张量点积**

点积运算，也叫张量积（Tensor Product）运算，是最常见也是最常用的张量运算。与逐元素的运算不同，它将输入张量的元素合并在一起。在 Numpy、Keras、Theano 和 TensorFlow 中，都是用 * 实现逐元素乘积。TensorFlow 中的点积使用了不同的语法，但在 Numpy 和 Keras 中，都是用标准的 dot 运算符来实现点积。

**4. 张量变形**

张量变形是指改变张量的行和列，以得到想要的形状。变形后的张量的元素总个数与初始张量相同。

神经网络完全由一系列的张量运算组成，而这些张量运算都只是输入数据的几何变换。深度学习的内容就是要为复杂的、高度折叠的数据流找到简洁的表示，深度网络的每一层都通过变换使数据展开一点点，许多层堆叠在一起，可以实现非常复杂的展开过程。

## 3.1.4　张量运算函数举例

深度神经网络学到的所有变换都可以简化为一些张量运算（Tensor Operation），如张量加、张量乘等。

例如：keras.layers.Dense(512, activation='relu')

这个可以理解为一个函数，输入一个 2D 张量，返回另一个 2D 张量，即输入张量的新表示。具体而言，这个函数的含义如下所示：

假设 W 是一个 2D 张量，b 是一个向量，二者都是该层的属性。output = relu(dot(W, input) + b)

我们将上式拆开来看，这里有三个张量运算：输入张量和张量 W 之间的点积运算(dot)、得到的 2D 张量与向量 b 之间的加法运算(+)、最后的 relu 运算，其实就是统计出结果中的非 0 最大值。

output = relu(dot(W, input) + b) 是最常见的一个数据处理，其中，W 和 b 都是张量，它们为该层的权重或可训练参数，这些权重包含网络从观察训练数据中学到的信息。一开始，这些权重矩阵取较小的随机值，这一步叫作随机初始化，运算不会得到有用的表示。虽然得到的表示没有意义，但这是一个起点，下一步是根据反馈信号逐渐调节这些权重，这个逐渐调节的过程叫作训练，也就是机器学习中的学习。机器学习的过程其实就是一个循环：

(1)抽取训练样本 x 和对应目标 y 组成的数据批量；

(2)在 x 上运行网络，即前向传播，得到预测值 y_pred；

(3)计算网络在这批数据上的损失，用于衡量 y_pred 和 y 之间的距离；

(4)更新网络的所有权重，使网络在这批数据上的损失略微下降。

最终得到的网络在训练数据上的损失非常小，即预测值 y_pred 和预期目标 y 之间的距离非常小。网络就学会了将输入映射到正确目标。

上述第一步看起来非常简单，只是输入/输出(I/O)的代码。第二步和第三步仅仅是一些张量运算的应用。难点在于第四步"更新网络的所有权重"。考虑网络中的某个权重系数，怎么知道这个系数应该增大还是减小，以及变化多少？

简单的方法是保持其他参数不变，只调节其中一个，观察反馈。但是，当网络中的参数有成千上万个时，这种方法低效且计算代价巨大。一种更好的方法是利用网络中的所有运算都是可微的这一事实，计算损失相对于网络系数的梯度，然后向梯度的反方向改变系数，从而使损失降低。第四步可以通过下述流程有效实现：

(1)计算损失相对于网络参数的梯度(一次反向传播)；

(2)将参数沿着梯度的反方向移动一点，从而使这批数据上的损失减少一点。

## 3.2 卷积基础

在泛函分析中，卷积、旋积或褶积(Convolution)是通过两个函数 $f$ 和 $g$ 生成第三个函数的一种数学运算，其本质是一种特殊的积分变换。表征函数 $f$ 与 $g$ 经过翻转和平移的重叠部分函数值乘积对重叠部分的积分。

卷积定义：

设 $f(x)$，$g(x)$ 是 **R** 上的两个可积函数，称

$$(f * g)(x) = \int_{-\infty}^{\infty} f(x) g(x - \tau) \mathrm{d}\tau \tag{3-2-1}$$

为 $f$, $g$ 的卷积, 记为 $h(x) = (f * g)(x)$。可以证明, 对于所有的实数 $x$, 上述积分存在, 容易验证, $(f * g)(x) = (g * f)(x)$, 显然 $(g * f)(x)$ 仍为可积函数。

从卷积定义可以看出卷积描述的是一个函数对另外一个函数的影响, 如果其中的自变量 $x$ 代表的是时间, 则卷积是过去某个时间发生的事件对现在所看到事件结果现象的积累。也就是说卷积可用于描述过去的作用对当前的影响, 卷积就是一个时空响应的叠加, 在信号处理方面有极其重要的意义, 在工程和数学上都有很多应用。在统计学中, 加权滑动平均就是一种卷积。在光学中, 反射光可以用光源与一个反映各种反射效应的函数的卷积表示。在电子工程与信号处理中, 任一个线性系统的输出都可以通过将输入信号与系统函数(系统的冲激响应)做卷积获得。在物理学中, 任何一个线性系统(符合叠加原理)都存在卷积处理。

两个函数的卷积处理本质上是先将一个函数翻转, 然后再进行滑动叠加。在连续情况下, 叠加指的是对两个函数的乘积求积分, 在离散情况下就是加权求和。卷积的“卷”指函数的翻转并滑动, 即从 $g(t)$ 变成 $g(-t)$, 进行“卷”的原因是施加一种约束, 指定什么情况下进行“积”操作。卷积的“积”指的是在滑动过程中的加权求和(或积分)。这个“积”过程有混合全局的意思, 以信号分析为例, 卷积的结果不仅与当前时刻输入信号的响应值有关, 也与过去所有时刻输入信号的响应有关系, 考虑了对过去所有输入的效果的累积。在图像处理中, 卷积处理的结果, 其实就是把每个像素周边的, 甚至是整个图像的像素都考虑进来, 对当前像素进行某种加权处理, 在实际应用中, 我们更关注的是“积”操作。

## 3.2.1　离散卷积计算

卷积是两个信号在某范围内相乘后求和的结果, 如果卷积的变量是离散序列 $x(n)$ 和 $h(n)$, 则卷积计算为：

$$y(n) = \sum_{i=-\infty}^{\infty} x(i) h(n - i) = x(n) * h(n) \tag{3-2-2}$$

其中, 星号“$*$”表示卷积, $n$ 是函数 $h(-i)$ 的位移量, 当时序 $n = 0$ 时, 序列 $h(-i)$ 是 $h(i)$ 时序 $i$ 取反的结果, 时序取反使得 $h(i)$ 以纵轴为中心线对折。

如果卷积的变量是连续函数 $x(t)$ 和 $h(t)$, 则卷积计算变为：

$$y(t) = \int_{-\infty}^{\infty} x(p) h(t - p) \mathrm{d}p = x(t) * h(t) \tag{3-2-3}$$

其中, 星号“$*$”表示卷积, $p$ 是积分变量, $t$ 是函数 $h(-p)$ 的位移量。

为了说明离散卷积的计算原理, 可以用丢骰子进行说明。求两个骰子丢出 4 的概率是多少? 为解决这个问题, 设第一个骰子丢出 1, 2, 3, 4, 5, 6 的概率分别为 $f(1)$, $f(2)$, $f(3)$, $f(4)$, $f(5)$, $f(6)$, 第二个骰子丢出 1, 2, 3, 4, 5, 6 的概率分别为 $g(1)$, $g(2)$, $g(3)$, $g(4)$, $g(5)$, $g(6)$, 则两个骰子丢出 4 的概率为：

$$(f * g)(4) = f(1) * g(3) + f(2) * g(2) + f(3) * g(1)$$

这个计算过程符合离散卷积计算, 因此可以写出其卷积计算通式：

$$(f * g)(4) = \sum_{m=1}^{3} f(4 - m)g(m) \tag{3-2-4}$$

离散卷积最为广泛的应用是图像处理。任何一张灰度图像，可以表示为一个二维函数 $a(i, j)$，如果用另外一个函数 $g(x, y)$ 对其进行卷积运算，其处理原理如图 3-4 所示。

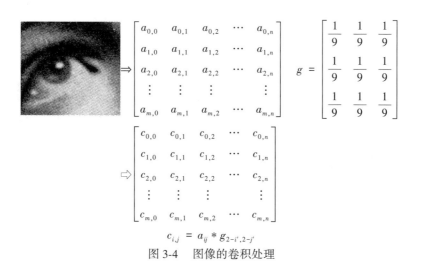

$$c_{i,j} = a_{ij} * g_{2-i', 2-j'}$$

图 3-4　图像的卷积处理

在如图 3-4 所示的图像卷积处理中，$g$ 通常称为卷积核，按卷积的定义 $g$ 函数要翻转（矩阵翻转的操作为直接按行对换数据然后再按列对换数据），但在实际应用处理中，通常给的是已经翻转的卷积核，因此可以直接处理。影像卷积处理的 C 语言代码如下：

```
void conv(BYTE * pSr,BYTE * pDs,int cols,int rows,int * kenl,int
ksz){
    BYTE *pI, *pD;
    int r, c, tr, tc, val, s, rr, cc;
    const int *pTr, *pTc, tSz_2 = ksz /2;
    for (pD = pDs, r = 0; r<rows; r++) {
        for (c = 0; c<cols; c++, pD++) {
            val = 0, s = 0, pTr = kenl;
            for ( tr =-tSz_2; tr <= tSz_2; tr++, pTr += ksz) {
                rr = r + tr;
                if (rr<0 || rr >= rows) continue;
                pTc = pTr,pI = pSr + rr * cols;
                for ( tc =-tSz_2; tc <= tSz_2; tc++, pTc++) {
                    cc = c + tc;
                    if (cc<0 || cc >= cols) continue;
                    val += * pTc *pI[cc];
                    s += * pTc;
```

```
            }
        }
        if (s) *pD = val /s;
    }
  }
}
```

### 3.2.2　卷积与互相关

卷积描述的是两个信号间的相互作用，而互相关(Cross-Correlation)描述的是两个信号之间的相似性。相关的数学定义为：

$$R(t) = s(t) \star h(t) = \int_{-\infty}^{\infty} s(\tau - t)h(\tau)\,\mathrm{d}\tau = \int_{-\infty}^{\infty} s(\tau)h(\tau + t)\,\mathrm{d}\tau \tag{3-2-5}$$

与卷积相比，互相关的两个函数都没有翻转，$t$ 都是正值，而卷积中是负值。且相关不具有交换性，即 $s(t) \star h(t) \neq h(t) \star s(t)$。

互相关可以看作是向量内积的推广，内积为两向量点乘，其物理意义为将一个向量投影到另一个向量。

$$< a, b > = a, b = |a||b|\cos\theta \tag{3-2-6}$$

两个向量间夹角越小，方向越一致，所得投影越大，即内积值越大，表明两向量相似度越高。特别地，当两个向量垂直时，内积为 0 表明两向量互不相关，相似度为 0；当两个向量夹角为 0 时，内积最大，两向量方向一致，相似度最大。可见，互相关可以反映两个向量的夹角。

互相关与卷积具有不同的定义，那它们到底有什么具体的区别与联系呢？下面给出一个数据，分别用互相关和卷积进行处理，可得到如图 3-5、图 3-6 所示的不同处理过程和结果。

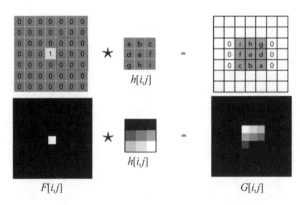

图 3-5　进行互相关运算得到的结果

可见互相关与卷积在图像滤波处理中效果类似，但是卷积处理的结果具有不变性，符合交换律、结合律等卷积特性。特别指出，如果 $h$ 函数本身就是对称的，则互相关与卷积

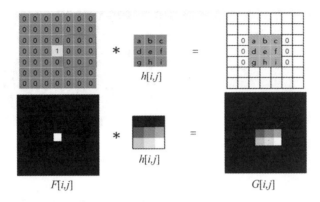

图 3-6 进行卷积运算得到的结果

得到一样的效果。在图像处理中，卷积核通常是对称的，因此互相关与卷积的处理过程和结果是一样的。卷积与互相关存在如下数学关系：

$$a(t) * b(t) = \int_{-\infty}^{\infty} a(\tau)b(t - \tau)\mathrm{d}\tau = \int_{-\infty}^{\infty} a(t - \tau)b(\tau)\mathrm{d}\tau$$

$$= \int_{-\infty}^{\infty} a(-(\tau - t))b(\tau)\mathrm{d}\tau = a(-t) \star b(t) \tag{3-2-7}$$

### 3.2.3 卷积的应用

卷积的本质是通过两个函数 $f$、$g$ 实现第三个函数，其结果是表征函数 $f$ 与 $g$ 经过翻转和平移后重叠部分的面积。卷积在数字信号处理中应用非常广泛，例如数字图像处理中最常用的边缘检测，就是通过卷积实现的，如图 3-7 所示。

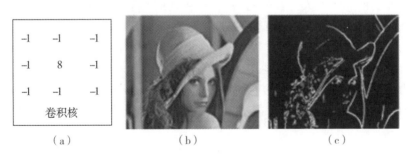

（a）　　　　　　（b）　　　　　　（c）

图 3-7 用卷积实现边缘特征提取

在图 3-7 中，用卷积核图（a）对图（b）进行卷积处理，就可以得到图（c）。通过边缘检测实验，可以看到对图像进行卷积可以提取出图像的某些特征。再举一个例子，如图 3-8 所示，将图（a）作为卷积核，对图（b）进行卷积，可以得到图（c）的结果。

在图 3-8 所示的处理中可以发现，如果用目标相似的卷积核进行卷积处理，可以提取目标。那如果对一个图像进行多个层次的卷积，是否可以得到更多的信息呢？答案是肯定的。进一步讲，如果我们知道原始数据和目标结果，是否可以自动产生这些卷积参数？也

（a）　　　　　　　　（b）　　　　　　　　（c）

图 3-8　用与目标相似的卷积核可提取目标

就是说从一堆随机参数开始，根据目标、用各种方法去逐渐调整参数，直到得到的结果接近我们想要的目标。CNN（Convolutional Neural Network，卷积神经网络）就是为解决这个问题而提出的。

对卷积神经网络的研究可追溯至日本学者福岛邦彦（Kunihiko Fukushima）提出的 neocognitron 模型。在其 1979 年和 1980 年发表的论文中，福岛邦彦仿造生物的视觉皮层（visual cortex）设计了以"neocognitron"命名的神经网络。neocognitron 是一个具有深度结构的神经网络，并且是最早被提出的深度学习算法之一，被认为是启发了卷积神经网络的开创性研究。

第一个卷积神经网络是 1987 年由 Alexander Waibel 等提出的 TDNN（Time Delay Neural Network，时间延迟网络）。TDNN 是一个应用于语音识别问题的卷积神经网络，使用 FFT（Fast Fourier Transform，快速傅里叶变换）预处理的语音信号作为输入，其隐含层由 2 个一维卷积核组成，以提取频率域上的平移不变特征。

1988 年，Wei Zhang 提出了第一个二维卷积神经网络 SIANN（Shift-Invariant Artificial Neural Networks，平移不变人工神经网络），并将其应用于检测医学影像。1989 年，Yann LeCun 同样构建了应用于计算机视觉问题的卷积神经网络 LeNet，由于 LeCun 在论述其网络结构时首次使用了"卷积"一词，"卷积神经网络"也因此得名。2006 年，深度学习理论被提出后，卷积神经网络的表征学习能力再次得到了关注，并随着计算设备的发展，特别是 GPU 算力的提升，各种深层次的卷积神经网络不断更新人们的视野，到现在，卷积神经网络已经是深度学习的代表算法之一，已经成功应用于计算机视觉、自然语言处理等领域。

## 3.3　数学优化基础

数学优化（Mathematical Optimization）问题，也叫最优化问题，是指在一定的约束条件下，求解一个目标函数的最大值（或最小值）问题。数学优化问题的定义为：

给定一个目标函数（也叫代价函数）

$$f: \mathcal{A} \rightarrow \mathbf{R} \tag{3-3-1}$$

寻找一个变量（也叫参数）$x^* \in \mathcal{D} \subset \mathcal{A}$，使得对于所有 $\mathcal{D}$ 中的 $x$，都满足 $f(x^*) \leq f(x)$（最小化）或者 $f(x^*) \geq f(x)$（最大化），其中，$\mathcal{D}$ 为变量 $x$ 的约束集，也叫可行域；$\mathcal{D}$ 中的变

量被称为可行解。

## 3.3.1 数学优化类型

根据输入变量 $x$ 的值域是否为实数域，数学优化问题可以分为连续优化问题和离散优化问题。

**1. 连续优化问题**

连续优化(Continuous Optimization)问题是目标函数的输入变量为连续变量 $x \in \mathbf{R}$，即目标函数为实函数。连续优化又包含无约束优化和约束优化、线性规划和非线性规划。

1)无约束优化和约束优化

在连续优化问题中，根据是否有变量的约束条件，可以将优化问题分为无约束优化问题和约束优化问题。无约束优化(Unconstrained Optimization)问题的可行域通常为整个实数域 $\mathcal{D} = \mathbf{R}$，可以写为

$$f(x) = \min x f(x) \tag{3-3-2}$$

其中，$x \in \mathbf{R}$ 为输入变量，$f: \mathbf{R} \rightarrow \mathbf{R}$ 为目标函数。

约束优化(Constrained Optimization)问题中，变量 $x$ 需要满足一些等式或不等式的约束。约束优化问题通常使用拉格朗日乘数法进行求解。

2)线性规划和非线性规划

如果目标函数和所有的约束函数都为线性函数，则该问题为线性规划(Linear Programming)问题。相反，如果目标函数或任何一个约束函数为非线性函数，则该问题为非线性规划(Nonlinear Programming)问题。在非线性规划问题中，有一类比较特殊的问题是凸优化(Convex Optimization)问题。在凸优化问题中，变量 $x$ 的可行域为凸集(Convex Set)，即对于集合中任意两点，它们的连线全部位于集合内部，目标函数 $f$ 也必须为凸函数。凸优化问题是一种特殊的约束优化问题，需满足目标函数为凸函数，并且等式约束函数为线性函数，不等式约束函数为凸函数。各种优化都可以切分为多个凸优化问题，因此凸优化是目前解决优化问题的主要途径。

**2. 离散优化问题**

离散优化(Discrete Optimization)问题是目标函数的输入变量为离散变量，比如为整数或有限集合中的元素。离散优化问题主要有两个分支：

（1）组合优化(Combinatorial Optimization)：其目标是从一个有限集合中找出使得目标函数最优的元素。在一般的组合优化问题中，集合中的元素之间存在一定的关联，可以用图结构进行表示。典型的组合优化问题有旅行商问题、最小生成树问题、图着色问题等。很多机器学习问题都是组合优化问题，比如特征选择、聚类问题、超参数优化问题以及结构化学习(Structured Learning)中标签预测问题等。

（2）整数规划(Integer Programming)：输入变量 $x \in \mathbf{Z}$ 为整数向量。常见的整数规划问题通常为整数线性规划(Integer Linear Programming，ILP)。整数线性规划的最直接求解方法是：①去掉输入必须为整数的限制，将原问题转换为一般的线性规划问题，这个线性规划问题为原问题的松弛问题；②求得相应松弛问题的解；③把松弛问题的解四舍五入到最接近的整数。但是这种方法得到的解一般都不是最优的，因为原问题的最优解不一定在松

弛问题最优解的附近。另外，这种方法得到的解也不一定满足约束条件。

## 3.3.2　数学优化算法

优化问题一般都可以通过迭代的方式来求解：通过猜测一个初始的估计 $x_0$，然后不断迭代产生新的估计 $x_1$，$x_2$，$\cdots$，$x_t$，$x_t$ 最终收敛到期望的最优解 $x^*$。一个好的优化算法应该是在一定的时间或空间复杂度下能够快速准确地找到最优解。同时，好的优化算法受初始猜测点的影响较小，通过迭代能稳定地找到最优解 $x^*$ 的邻域，然后迅速收敛于 $x^*$。连续优化算法中常用的迭代方法有局部最小解、线性搜索解法、信赖域解法等。线性搜索解法的策略是寻找方向和步长，具体算法有最速下降法、牛顿法、共轭梯度法等。

**1. 局部最小解**

对于很多非线性规化问题，会存在若干个局部最小值（Local Minima），其对应的解称为局部最小解（Local Minimizer）。局部最小解 $x^*$ 定义为：存在一个 $\delta > 0$，对于所有满足 $\|x - x^*\| \leqslant \delta$ 的 $x$，都有 $f(x^*) \leqslant f(x)$。也就是说，在 $x^*$ 的邻域内，所有的函数值都大于或者等于 $f(x^*)$。对于所有的 $x \in \mathcal{D}$，都有 $f(x^*) \leqslant f(x)$ 成立，则 $x^*$ 为全局最小解（Global Minimizer）。

求局部最小解一般是比较容易的，但很难保证其为全局最小解。对于线性规划或凸优化问题，局部最小解就是全局最小解。要确认一个点 $x^*$ 是否为局部最小解，通过比较它的邻域内有没有更小的函数值是不现实的。如果函数 $f(x)$ 是二次连续可微的，我们可以通过检查目标函数在点 $x^*$ 的梯度 $\nabla f(x^*)$ 和 Hessian 矩阵 $\nabla^2 f(x^*)$ 来判断。

**2. 线性搜索解法**

对于函数 $f(x)$，其最小二乘数学表达式为：

$$\min_x \frac{1}{2} \|f(x)\|_2^2 \tag{3-3-3}$$

式中，自变量 $x \in \mathbf{R}_n$，$f$ 是任意函数，设它有 $m$ 维，则 $f(x) \in \mathbf{R}_m$。如果 $f$ 为简单数学函数，那令目标函数的导数为零，则求解 $x$ 最优值就如同求解任何一个二元一次方程极值一样：

$$\frac{\mathrm{d}f}{\mathrm{d}x} = 0 \tag{3-3-4}$$

解此方程，就得到了导数为零处的极值。它们可能是极大、极小或鞍点值。但当 $f$ 函数比较复杂，不方便直接求解时，通常用迭代法，从初始值出发，不断地更新当前优化变量，使目标函数下降，直到增量非常小，无法再使函数下降，可认为此时算法收敛得到极值。在这个过程中，无须寻找全局导函数为零的情况，只要找到迭代点的梯度方向即可，那增量 $\Delta x$ 如何确定？求解增量最简单的方式是将目标函数在 $x$ 附近进行泰勒展开：

$$\|f(x + \Delta x)\|_2^2 \approx \|f(x)\|_2^2 + \boldsymbol{J}(x)\Delta x + \frac{1}{2}\Delta x^\mathrm{T} \boldsymbol{H} \Delta x \tag{3-3-5}$$

式中，$\boldsymbol{J}$ 是 $\|f(x)\|^2$ 关于 $x$ 的导数，即雅可比（Jacobian）矩阵；而 $\boldsymbol{H}$ 则是二阶导数，即海塞（Hessian）矩阵。可以选择保留泰勒展开的一阶项或二阶项，对应的求解方法则为一阶梯度法或二阶梯度法。

如果保留一阶梯度信息，那么增量方程为：

$$\Delta x^* = -\boldsymbol{J}^{\mathrm{T}}(x) \tag{3-3-6}$$

它的意义是只要沿着反向梯度方向前进即可。这里还可以在该方向上取一个步长 $\lambda$，让其下降加快，这个解法被称为最速下降法。

如果保留二阶梯度信息，那么增量方程为：

$$\Delta x^* = \mathrm{argmin}\|f(x)\|_2^2 + \boldsymbol{J}(x)\Delta x + \frac{1}{2}\Delta x^{\mathrm{T}}\boldsymbol{H}\Delta x \tag{3-3-7}$$

对右侧等式求其关于 $\Delta x$ 的导数，并令它为零，就可以得到增量解：

$$\boldsymbol{H}\Delta x = -\boldsymbol{J}^{\mathrm{T}} \qquad \Delta x = -\boldsymbol{H}^{-1}\boldsymbol{J}^{\mathrm{T}} \tag{3-3-8}$$

使用二阶梯度法和海塞矩阵求解 $\Delta x$ 的这种方法被称为牛顿法。

可以看到，一阶梯度法和二阶梯度法都十分直观，把函数在迭代点附近进行泰勒展开，求更新量最小化的解 $\Delta x$。由于泰勒展开之后函数变成了多项式，所以求解增量时只需解线性方程即可，避免了直接求导函数为零的问题。不过，这两种方法也存在它们自身的问题，最速下降法过于"贪心"，容易走出锯齿路线，增加迭代次数；而牛顿法则需要计算目标函数的海塞矩阵，方程规模较大时计算非常困难。

**3. 信赖域解法**

用牛顿法求解最小二乘方程，需要计算目标函数的海塞矩阵，这个计算过程非常复杂，为简化计算复杂度，可采用高斯-牛顿（Gauss-Newton）法进行改进，改进思想是对 $f(x)$ 进行一阶泰勒展开：

$$f(x+\Delta x) \approx f(x) + \boldsymbol{J}(x)\Delta x \tag{3-3-9}$$

这里雅可比矩阵 $\boldsymbol{J}(x)$ 为 $f(x)$ 关于 $x$ 的导数，是 $m \times n$ 的矩阵。为了寻找下降矢量 $\Delta x$，使 $\|f(x+\Delta x)\|^2$ 达到最小，求解方程：

$$\Delta x^* = \underset{\Delta x}{\mathrm{argmin}}\frac{1}{2}\|f(x)+\boldsymbol{J}(x)\Delta x\|^2 \tag{3-3-10}$$

展开目标函数平方项得：

$$\frac{1}{2}\|f(x)+\boldsymbol{J}(x)\Delta x\|^2 = \frac{1}{2}(f(x)+\boldsymbol{J}(x)\Delta x)^{\mathrm{T}}(f(x)+\boldsymbol{J}(x)\Delta x)$$

$$= \frac{1}{2}(\|f(x)\|_2^2 + 2f(x)^{\mathrm{T}}\boldsymbol{J}(x)\Delta x + \Delta x^{\mathrm{T}}\boldsymbol{J}(x)^{\mathrm{T}}\boldsymbol{J}(x)\Delta x) \tag{3-3-11}$$

对 $\Delta x$ 求导，并令导数为零，则有：

$$2\boldsymbol{J}(x)^{\mathrm{T}}f(x) + 2\boldsymbol{J}(x)^{\mathrm{T}}\boldsymbol{J}(x)\Delta x = 0 \tag{3-3-12}$$

整理后为：

$$\boldsymbol{J}(x)^{\mathrm{T}}\boldsymbol{J}(x)\Delta x = -\boldsymbol{J}(x)^{\mathrm{T}}f(x) \tag{3-3-13}$$

这是标准 $AX = b$ 方程，被称为增量方程，也称为高斯-牛顿方程（Gauss-Newton Equations）或法化方程（Normal Equations）。对比牛顿法，高斯-牛顿法用 $\boldsymbol{J}^{\mathrm{T}}\boldsymbol{J}$ 作为牛顿法二阶 Hessian 矩阵的近似，省略了计算 Hessian 的过程。由于原先二阶 Hessian 矩阵是正定可逆的，但 $\boldsymbol{J}^{\mathrm{T}}\boldsymbol{J}$ 却不一定，这将使 $\Delta x$ 不一定是最小解，可能导致方程无法收敛。那是否可以给 $\Delta x$ 添加一个信赖区域（Trust Region）获得更好的近似呢？列文伯格-马夸尔特

（Levenberg-Marquadt，L-M）法就是这样一种解法，它比高斯-牛顿法更稳健，是目前比较受欢迎的方法之一。

为有效确定信赖区域范围，可根据近似模型与实际函数之间的差异来估算，如果差异小，就让范围变大，如果差异大，就缩小近似范围，其数学表达式为：

$$\rho = \frac{f(x + \Delta x) - f(x)}{J(x)\Delta x} \tag{3-3-14}$$

式中，分子为实际函数下降值，分母是近似模型下降值。$\rho$ 的最理想值是接近 1，如果 $\rho$ 太小需要缩小近似范围，$\rho$ 太大则需要放大近似范围。列文伯格-马夸尔特法求解最小二乘问题的过程为：

（1）给定初始值 $x_0$ 和初始信赖半径 $u$；

（2）求解

$$\min_{\Delta x_k} \frac{1}{2} \|f(x_k) + J(x_k)\Delta x_k\|^2, \quad \text{s. t. } \|D\Delta x_k\|^2 \leqslant \mu \tag{3-3-15}$$

式中，列文伯格给 $D$ 取单位矩阵 $I$，后来马夸尔特提出将 $D$ 取为非负对角矩阵，并取 $J^T J$ 的对角元素平方根，使得在梯度小的维度上约束范围更大一些，具体计算公式为：

$$\min_{\Delta x_k} \frac{1}{2} \|f(x_k) + J(x_k)\Delta x_k\|^2 + \frac{\lambda}{2} \|D\Delta x\|^2 \tag{3-3-16}$$

类似高斯-牛顿法，该问题可转换为：$(J^T J + \lambda I)X = b$；

（3）计算 $\rho$；

（4）当 $\rho > 3/4$ 时 $u = 2u$，当 $\rho < 1/4$ 时 $u = u/2$；

（5）令 $x_{k+1} = x_k + \Delta x_k$；

（6）重复（2）、（3）、（4）、（5）直到结果满意。

对比高斯-牛顿法，其实就是将法化方程 $J^T J$ 变为 $(J^T J + \lambda I)$，也就是在对角线上添加一个小值 $\lambda$。当 $\lambda$ 较小时，$J^T J$ 在 $A$ 中占主要地位，列文伯格-马夸尔特法接近于高斯-牛顿法；当 $\lambda$ 较大时，$\lambda I$ 在 $A$ 中占主要地位，列文伯格-马夸尔特法接近于最速下降法，也就是说列文伯格-马夸尔特法就是在一阶、二阶导数间交替优化，在一定程度上避免了线性方程组系数矩阵的非奇异和病态问题，提供了更稳定更准确的增量 $\Delta x$。

**4. 共轭梯度法**

共轭梯度（Conjugate Gradient，CG）法最初由 Hesteness 和 Stiefel 于 1952 年为求解线性方程组而提出，后来，人们把这种方法用于求解无约束最优化问题，使之成为一种重要的最优化问题求解方法。共轭梯度法在王之卓教授编写的《摄影测量原理》一书中被称为共轭斜量法。

共轭梯度法处理过程中不需要对矩阵整体求逆，有较快的收敛速度和二次终止性，被广泛应用于解决实际问题。共轭梯度法的基本思想是把共轭性与最速下降法相结合，利用已知点处的梯度构造一组共轭方向，选择其中一个优化方向后，计算这个方向的最大步长，一次将这个方向的优化全部进行完，以后的优化更新过程中就不需要朝这个方向更新。理论上对 $N$ 维问题求最优，只要对 $N$ 个方向都求出最优就可以。为了不影响之前优化方向上的更新量，需要每次优化方向与其他优化方向共轭正交，这也正是共轭梯度算法的名称来源。这里先介绍共轭正交概念。

设 $G$ 是对称正定矩阵，若存在两个非零向量 $u$ 和 $v$ 满足：

$$u^\mathrm{T}Gv = 0 \tag{3-3-17}$$

则称 $u$ 和 $v$ 关于 $G$ 共轭，当 $G = I$ 时，则上式变为：

$$u^\mathrm{T}v = 0 \tag{3-3-18}$$

即两个向量相互正交，可见共轭是正交的推广，正交是共轭的特例。更直接的理解是一个方向的共轭向量就是与这个方向正交的那个向量，共轭是一个对称关系，如果 $u$ 与 $v$ 共轭，则 $v$ 与 $u$ 共轭，显然共轭向量线性无关。正因为共轭正交向量线性无关，求解向量时可以逐个求解，共轭梯度法的核心步骤包括：

（1）计算梯度方向，并保证所有梯度共轭正交。

（2）计算当前的步长，保证此步长是本方向的最大步长。

之后每一步都更新未知数 $x$，直到残差小于给定的阈值。由于共轭梯度法计算证明较为复杂，需要引入其他知识，这里直接给出共轭梯度法的计算伪代码：

$r_0 = b - Ax_0$

$p_0 = r_0$

$k = 0$

while

$\quad a_k = \dfrac{r_k^\mathrm{T}r_k}{p_k^\mathrm{T}Ap_k}$

$\quad x_{k+1} = x_k + a_kp_k$

$\quad r_{k+1} = r_k - a_kAp_k$

$\quad \text{if}\quad r_{k+1} < \boldsymbol{\epsilon}\text{:break}$

$\quad \beta_{k+1} = \dfrac{r_{k+1}^\mathrm{T}r_{k+1}}{r_k^\mathrm{T}r_k}$

$\quad p_{k+1} = r_{k+1} + \beta_kp_k$

$\quad k = k + 1$

return $x_{k+1}$

算法中，$p$ 代表梯度方向，$a$ 代表步长，$r$ 代表当前残差，$E$ 为最小残差，实际使用时，$x_0$ 可以从 0 开始迭代。

仔细观察共轭梯度法的计算伪代码可以发现，此算法不需要矩阵求逆，也不需要大矩阵乘法运算，算法复杂度较低，非常适合计算机编程实现。

### 3.3.3　学习率

对于数学优化问题，尽管有各种求解方法，然而其本质都是迭代求解，即先给一个初始的估计 $x_0$，然后不断迭代产生新估计 $x_1$，$x_2$，$\cdots$，$x_t$，$x_t$ 最终希望收敛到期望的最优解 $x^*$。在迭代过程中，新估计值与原估计值之间的差（即步长）的选择是十分关键的，如果步长选择得当，求解收敛就比较快，否则收敛慢或者不收敛。也正是为了选择合适的步长，才产生了最速下降法和牛顿法。

为了控制迭代的步长，在机器学习和统计学中，定义了学习率参数，用于控制每次迭代的步长，学习率本身不是步长值，而是步长的调谐参数。通常学习率与步长是增函数关系，学习率大则步长大，学习率小则步长小。因此学习率的设置对求解过程影响很大。学习率设置过小的时候，每步太小，下降速度太慢，可能要花很长的时间才会找到最小值，而学习率过大的时候，每步太大，虽然收敛得速度很快，但是可能会跨过或忽略最小值，导致一直来回震荡而无法收敛。

### 3.3.4　损失函数

数学优化的本质是通过迭代的方式寻找满足某个条件的方程解。其过程通常是先给一个初始的估计 $x_0$，然后不断迭代产生新估计 $x_1$，$x_2$，$\cdots$，$x_t$，$x_t$ 最终希望收敛到期望的最优解 $x^*$。因此对于优化问题，最核心的问题是要寻找这些新估计 $x_1$，$x_2$，$\cdots$，$x_t$ 的变化规律，并总结为函数，当这个函数取到最小后，就没有继续优化的可能了，再优化还是值本身。这个函数在数学优化中称为目标函数（objective function），在机器学习中称为损失函数（lost function）或代价函数（cost function）。损失函数主要用来估量预测值 $f(x)$ 与真实值 $Y$ 的不一致程度，它是一个非负实函数，通常用 $L(Y, f(x))$ 来表示。损失函数越小，模型的鲁棒性就越好。

最常见的损失函数有：

（1）均方误差损失函数（MSE loss function）

$$L = \frac{1}{N} \sum_{i=1}^{N} \left[ y^i - f(x^i) \right]^2 \tag{3-3-19}$$

均方误差是指预测值与真实值之差平方的期望值。均方误差可以评价数据的变化程度，均方误差的值越小，说明预测模型描述实验数据具有更好的精确度。

（2）交叉熵损失函数（cross entropy loss function）

假设神经网络的输出 $a = \sigma(z)$，其中 $z = \omega x + b$，$y$ 为真值，则交叉熵损失定义为：

$$L = -\frac{1}{n} \sum_{x} y \ln a + (1 - y) \ln(1 - a) \tag{3-3-20}$$

当 $y = 1$，输出 $a = 0$ 时，$L$ 会非常大（理论上无限大，但通常会有数学操作使其限定在一个可计算的范围），即表示误差很大；当 $y = 0$，输出 $a = 1$ 时，$L$ 同样会非常大，误差较大；当标签 $y$ 和输出 $a$ 一样时，$L = 0$，不会产生误差。

（3）交叉熵损失概率函数（cross entropy loss probability function）

$$\mathrm{softmax}(x_j) = \frac{\exp(x_j)}{\sum_{i=1}^{n} \exp(x_i)} \tag{3-3-21}$$

softmax 的作用如其名字所示，是一种"soft"取最大值的方式。这种 soft 体现在，与那种将输出中的最大值直接置为 1，其他值置为 0 的操作相比，softmax 函数会将输出进行放缩，输出值都在 [0, 1] 范围，且所有输出的和是 1，因此输出也表现为一种概率分布的形式。

# 第4章 卷积神经网络基础

## 4.1 神经网络基础

### 4.1.1 感知机

19世纪90年代晚期，卡米洛·高尔基(Camillo Golgi)发明了一种染色方法，用一种银盐来显示单个神经元的结构。西班牙科学家圣地亚哥·拉蒙·卡哈尔(Santiago Ramony Cajal)改良了高尔基的方法，观察到了神经细胞中更微小的结构，并形成了神经元学说。一个神经细胞有多个树突和一个伸长的轴突，一个神经元的轴突连接到其他神经元的树突，并向其传导神经脉冲。神经元会根据来自它的若干树突的信号决定是否从其轴突向其他神经元发出神经脉冲，如图4-1所示。

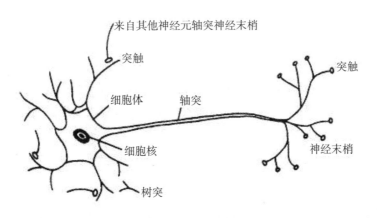

图 4-1 神经元示意图

1943年，美国神经解剖家沃伦·麦克洛奇(Warren McCulloch)和数学家沃尔特·皮茨(Walter Pitts)提出了一种简单的计算模型来模拟神经元，我们将这种模型称为 M-P 模型，其形式如图4-2所示。

M-P 模型对输入层的不同信号，先通过一个线性加权模型进行汇总，然后通过一个二值函数来判断是否需要进行输出，M-P 模型可以用二进制逻辑进行模拟，但这限制了 M-P 模型的应用。1956年，美国心理学家 Rosenblatt 在 M-P 模型的基础上提出了感知机。感知

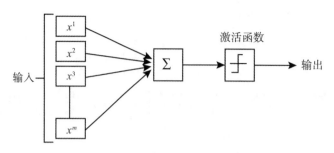

图 4-2 神经元数学模型

机是一种只有单层计算单元的简单神经网络模型，由一个线性变化单元和激活函数组成，如图 4-3 所示。

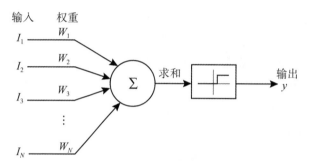

图 4-3 感知机结构

在感知机结构中，为了体现每个输入值对于最终输出结果的重要性，引入了权重的概念，用不同的权重值与对应的输入值相乘，经过权重值的加权计算以及激活函数的计算，最终输出一个二进制计算结果。权重值的加入赋予了感知机线性变换的能力。初步实现了对输入样本进行学习的能力，能够通过数据迭代的训练方式学习得到网络的权重值，这正是深度学习的理论基础。

### 4.1.2 多层感知机

感知机已经具有学习能力，可以进行线性变换处理，但是无法应对非线性问题。为了给网络增加非线性变换能力，研究者们在感知机中添加了非线性激活函数，比较有代表性的函数包括 Sigmoid 函数、Tanh 函数和 ReLU 函数等。

在激活函数的帮助下，感知机可以初步实现非线性数据的拟合能力，具备一定的非线性分类能力，但还是无法应对具有复杂非线性关系数据的处理。为了解决这一问题，研究人员在网络的输入层与输出层之间加入若干个隐含层，这样就建立了多层感知机结构，多层感知机结构如图 4-4 所示。

与单层感知机结构相比，多层感知机包含多个隐含的网络层。多层的叠加结构赋予了网络更强的非线性拟合能力，使其可以对更加复杂的非线性问题进行分类。虽然多层感知

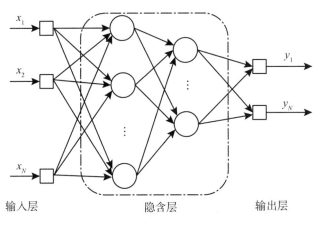

图 4-4 多层感知机结构

机网络已经具备了当前深度学习网络的大部分特性，但受网络参数更新方法的限制，如何对多层感知机网络进行训练，更新网络权重值一直困扰着学术界，使得人工神经网络领域的研究进入了长达数十年的低谷期。

### 4.1.3 反向传播

1986 年，Rumelhart 等针对多层感知机网络权重的训练问题，提出了反向传播算法，成为人工神经网络领域应用最为广泛的权重更新方法。其核心思想在于计算网络输出值与真实值之间的误差，使用误差进行反向梯度求解，得到网络中每个权重对于误差的梯度值，用此梯度值对权重进行更新，最小化误差。使用了反向传播算法的人工神经网络，其训练过程主要由正向传播和反向传播两个阶段构成。图 4-5 展示了网络训练与验证的基本流程。

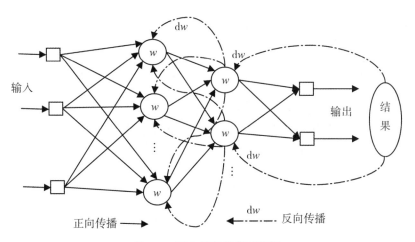

图 4-5 反向传播流程示意图

正向传播与反向传播的处理过程如下：

1）正向传播

输入样本从输入层开始，经过每层的权重与激活函数计算，最后在输出层输出计算结果。在正向传播计算中，将其中任一个单层神经网络，设为第 $i$ 层，它接受 $m$ 个输入，拥有 $n$ 个神经元（$n$ 个输出），那么这一层的计算公式为：

$$O^i = \begin{pmatrix} o_1^i \\ \vdots \\ o_n^i \end{pmatrix} = f\left( \begin{pmatrix} w_{11}^i & \cdots & w_{1m}^i \\ \vdots & \ddots & \vdots \\ w_{n1}^i & \cdots & w_{nm}^i \end{pmatrix} \begin{pmatrix} o_1^{i-1} \\ \vdots \\ o_m^{i-1} \end{pmatrix} + \begin{pmatrix} b_1^i \\ \vdots \\ b_n^i \end{pmatrix} \right) \tag{4-1-1}$$

式中，上标 $i$ 表示第 $i$ 层；（$o_1^i$，$o_2^i$，$o_3^i$，$\cdots$，$o_n^i$）是 $n$ 元输出向量；（$o_1^{i-1}$，$o_2^{i-1}$，$o_3^{i-1}$，$\cdots$，$o_m^{i-1}$）是第 $i$ 层的输入，即第 $i-1$ 层的输出，是 $m$ 元向量；$W$ 是 $n*m$ 权值矩阵，含义为有 $n$ 个神经元，每个神经元有 $m$ 个权值。$W$ 乘以第 $i-1$ 层输出的 $m$ 向量，得到一个 $n$ 向量，加上 $n$ 元偏置向量 $b$，再对结果的每一个元素施以激活函数 $f$，就得到第 $i$ 层的 $n$ 元输出向量。从式中可以看出整个神经网络其实就是一个向量到向量的函数。

2）反向传播

完成正向传播计算获得结果，此时可以通过将计算结果与训练样本真值进行比较，获得本次计算的误差。根据误差从输出层开始反向求解梯度值，逐层向网络前部计算，得到每个网络权重相对于误差的梯度值，并根据梯度值对网络权重进行调整，形成新的权重。

通过正向传播与反向传播，我们将"实现输入某些数据，输出数据中的特定信息"问题变为一个求解最小差异的问题，也就是无约束优化问题。如果能找到一个全局最小差异 $e$，并且 $e$ 值在可接受的范围内，就认为这个神经网络训练好了，它能够很好地拟合目标函数。

反向传播算法为深度学习样本训练提供了非常好的解决办法，是深度学习网络训练的基础。基于梯度下降法对权值进行更新的方式在网络层数加深的情况下容易出现梯度消失的问题，而且在梯度下降的过程中容易陷入局部最优解，达到不到全局最优解，这些都限制着深度学习网络的发展。

## 4.2 卷积神经网络

卷积神经网络是一种以卷积操作为基础的神经网络，于 1998 年由纽约大学的 Yann LeCun 等人提出。典型的卷积神经网络通常包括输入层、卷积层、激活函数、池化层、全连接层和输出层，如图 4-6 所示。

图 4-6　典型的卷积神经网络结构

卷积操作是卷积神经网络最重要的特征提取工具。卷积操作本质上是一种线性变换，使用带有可训练权值的卷积核模板在图像或特征图上通过滑窗的方式提取特征，遵循从左到右，从上到下的顺序。由于卷积只是一种线性变换操作，为了给予网络非线性拟合的能力，通常在每个卷积层后都添加非线性激活函数。为了减少参数，卷积神经网络提出池化操作，其本质是一种降采样操作，通过将输入图像划分为若干个矩形区域，对每个区域输出最大值或平均值的方式完成降采样。在经过卷积层和池化层的特征提取后，网络的最后都会用全连接层对提取到的各种图像特征进行融合。全连接层的目标是整合卷积层或池化层中具有类别区分性的信息并将其输出为一维向量的形式。

## 4.2.1 输入层

准确地说输入层(Input Layer)不应该算作卷积神经网络的核心组成，其作用仅仅为将输入的各种数据转换为卷积神经网络可用的数据类型。例如在输入影像时，需要将影像文件读入为张量数据，然后开始后面的处理。

## 4.2.2 卷积层

卷积层(Convolutional Layer)是神经网络的核心部分，其主要功能是将输入到网络中的图片信息通过滤波器(卷积核)转化生成为具有抽象信息的特征图，原始图片特征信息可以反映到特征图中。由于卷积的过程是提炼原始图像特征的过程，因此经过卷积计算得到的特征图的每个神经元都与原始图像中更大的区域相联系，反映出一片区域的特征，即感受野。

假设一个输入图像的尺寸为 $W \times H \times C$，其中 $W$ 和 $H$ 分别代表图像的长和宽，$C$ 代表图像的通道数，卷积核模板的尺寸为 $M \times N$，则计算过程的数学表达式为：

$$Z_{i,j} = f\left( \sum_{m=0}^{M} \sum_{n=1}^{N} w_{m,n} x_{i+m,j+n} + w_b \right) \tag{4-2-1}$$

式中，$w_{m,n}$ 为卷积模板第 $m$ 行 $n$ 列的权重值，$w_b$ 为偏置。$x_{i+m,j+n}$ 为输入图像 $i+m$ 行 $j+n$ 列的像素值，$Z_{i,j}$ 为输出特征图中第 $i$ 行 $j$ 列的数值，$f(\cdot)$ 为激活函数。如图 4-7 所示为一个简单的卷积计算过程实例。

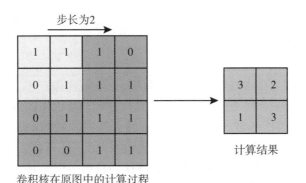

图 4-7　卷积处理实例

卷积层的操作通常包括卷积和激励。图 4-8 所示为卷积层操作。

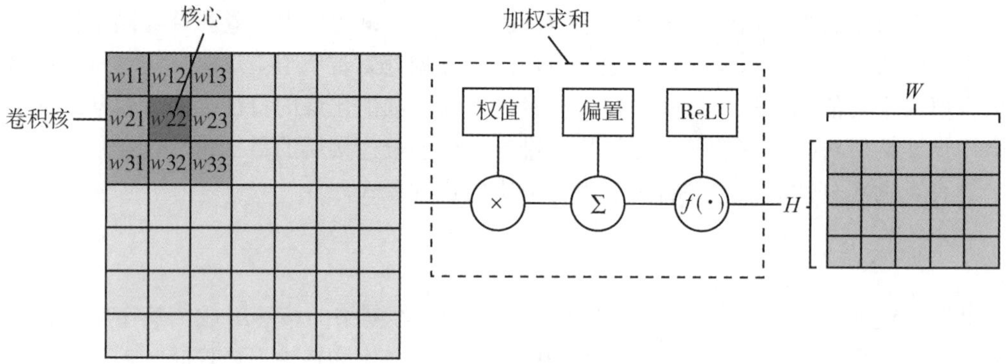

图 4-8　卷积层操作

卷积层中有众多的特征平面，它主要依靠于卷积核完成特征提取的任务。在特征图中有着众多互相独立的神经元，且各神经元都与前一层中某区域内的神经元相连，这样使得我们只需要通过局部就能提取出相应的特征。在处理高维度输入时，让每个神经元都与前一层中的所有神经元进行全连接是不现实的。相反，我们让每个神经元只与输入数据的一个局部区域进行连接。在深度方向上，这个连接的大小总是和输入量的深度相等。需要强调的是，我们对待空间维度(宽和高)与深度维度是不同的：连接在空间(宽、高)上是局部的，但是在深度上总是和输入数据的深度一致。

**1. 卷积层的作用**

(1)滤波器的作用。卷积层的参数是由一些可学习的滤波器集合构成的。每个滤波器在空间上(宽度和高度)都比较小，但是深度和输入数据一致(这一点很重要，后面会具体介绍)。直观地说，卷积层会让滤波器学习被激活的特性，这些特性主要是视觉特征，具体特征可能是某些方位的边界，或者是某些颜色的斑点，甚至是蜂窝状、车轮状的图案等。

(2)可以被看作神经元的一个输出。神经元只观察输入数据中的一小部分，并且和空间上左右两边的所有神经元共享参数。

(3)降低参数的数量。由于卷积具有"权值共享"的特性，可以降低参数数量，降低计算开销，防止由于参数过多而造成过拟合。

**2. 卷积层实现**

卷积运算本质上就是在滤波器和输入数据的局部区域间做点积，常用的实现方式是将卷积层的前向传播变成一个巨大的矩阵乘法。具体过程包括以下四点：

(1)输入图像的局部区域被拉伸为列。比如输入是[227×227×3]，要与尺寸为 11×11×3 的滤波器以步长为 4 进行卷积，就依次取输入数据中的[11×11×3]数据块，然后将其拉伸为长度为 11×11×3 = 363 的列向量。重复进行这一过程，因为步长为 4，所以经过卷积后的宽和高均为 55((227−11)/4+1 = 55)，共有 3025(55×55 = 3025)个神经元。因为每一个神经元实际上都对应有 363 维列向量构成的感受野，即一共要从输入上取出 3025 个 363 维列向量。所以经过拉伸得到的输出矩阵尺寸是[363×3025]，其中每列是拉伸的感受野。

（2）卷积层的权重也同样被拉伸成行。例如，有 96 个尺寸为$[11×11×3]$的滤波器，就生成一个尺寸为$[96×363]$的矩阵。

（3）现在卷积的结果和进行一个大矩阵乘法是等价的，能得到每个滤波器和每个感受野间的点积。在上面的例子中，这个操作的输出是$[96×3025]$，给出了每个滤波器在每个位置的点积输出。

（4）结果必须被重新变为合理的输出尺寸$[55×55×96]$。

### 4.2.3 激活函数

卷积操作只能对输入进行线性叠加，在面对非线性问题时，简单的卷积层叠加不能解决问题。激活函数的出现解决了这一问题，它可以提升对数据的表达能力，将有用的图片特征信息呈现出来。激活函数具有以下性质：

（1）它是一种连续可微分的非线性函数，在某些点上，它也可以是不可微分的。正是因为激活函数是可微分的，这使得它能够利用数值优化的方法来学习网络参数。

（2）激活函数及其导函数尽量不要复杂，以便提高运算效率。

（3）激活函数的导函数要控制在一定的范围内，导函数过大或过小都会影响训练的效

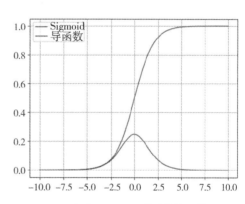

$$Sigmoid(x)=\frac{1}{1+e^{-x}}$$

$$Tanh(x)=\frac{e^x-e^{-x}}{e^x+e^{-x}}$$

$$ReLU(x)=\max(0,x)$$

（a）Sigmoid函数及其导函数

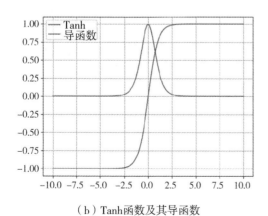

（b）Tanh函数及其导函数

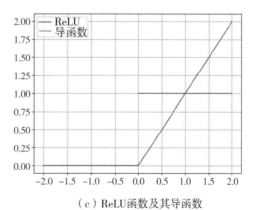

（c）ReLU函数及其导函数

图 4-9　常见激活函数及其导函数图像

率和稳定性。常用的激活函数有 Sigmoid 型、Tanh 型和 ReLU 型。它们对应的图像、导函数的图像以及相应的表达式如图 4-9 所示。

Sigmoid 函数和 Tanh 函数是一种双边抑制函数,其优点在于能够保持原点附近的梯度。但是当误差较大时,函数的梯度变化很小,这种现象被称为梯度的饱和效应。这一效应会使得网络参数学习停滞不前,并且对模型的表达能力也不是很理想。而 ReLU 函数不存在该问题,网络在大于 0 时其梯度始终为 1,从而改变了梯度饱和这一现状,能加速训练。

### 4.2.4　池化层

池化层(Pooling Layer)的主要作用是减少数据量和降低维度,在进行数据压缩时,去掉那些可有可无的特征,把主要的特征保留下来。池化层主要使用最大池化和平均池化这两种方式。最大池化的原理是保留矩形框内的最大值,其他值被丢弃。而平均池化就是对矩形框内的数据求平均值,用平均值代表这个区域。池化处理实例如图 4-10 所示。

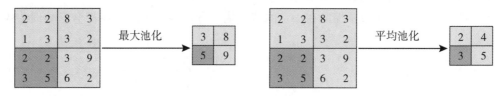

图 4-10　池化处理实例

图 4-10 中用最大池化时,右上角区域中的最大值 8 被保留了下来,其他值都被丢弃了;其他区域同理得到:左上角保留 3,左下角保留 5,右下角保留 9。用平均池化处理时,取左上角区域中所有值的平均值 2 作为输出,其他区域同理。池化过程的数学表达为(以最大池化为例):

$$Pool = \max(Active \otimes Kernel_{size \times size}) \quad 1 \leqslant r' \leqslant W, \ 1 \leqslant c' \leqslant H \tag{4-2-2}$$

式中,$\otimes$ 表示池化操作,$Kernel_{size \times size}$ 即为设定的池化核,size 为池化核的边长。$r'$ 为池化核核心所处的二维特征平面上的横坐标,$c'$ 为池化核核心所处的二维特征平面上的纵坐标。经过最大池化输出后的宽度 $W' = W/stride$,高度 $H' = H/stride$,处理示意图如图 4-11 所示。

池化层有三点作用:①去除特征图里的冗余信息,减少后续网络计算量,增加训练速度;②实现非线性操作;③可以实现平移不变性、旋转不变性和尺度不变性。

### 4.2.5　全连接层

全连接层(Fully Connected)处于神经网络的末端,起着"分类器"的作用。把卷积和池化等各层采集到的多种特征进行整合,需要与上一层的所有神经元进行连接,因而这一层的参数也是最多的。它的本质是矩阵乘法运算,把前面操作得到的所有的特征信息融合成完整而高效的信息。经过全连接层后得到的数值范围是$(-\infty, +\infty)$,通过分类器进一步

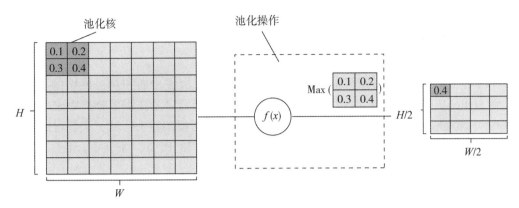

图 4-11　池化操作示意图

将其转化为$(0，1)$的数值。

全连接层的结果通常是比较简单的分类矢量，因此必须包含一个分类器。目前，主流的分类器有支持向量机（Support Vector Machine，SVM）、逻辑回归（Logistic Regression，LR）和 Softmax。

（1）SVM 分类器是一个典型的二分类算法。对于线性可分问题，它通过寻找一个分类线将数据分为两类。在二维中，分类线指的是直线，在三维中指的是平面，在多维中指的是超平面。对于线性不可分问题，需要利用核函数将特征映射到高维空间，使其变得线性可分，然后再按照线性可分的方式来对数据进行分类。如果要解决的是多分类问题，则将多个 SVM 组合起来，两两类别确定一个分类器。

（2）LR 分类器主要解决二分类问题。它主要是通过 Sigmoid 函数将数据映射到$(0，1)$上去，既可用于概率预测，也可用于分类。由于其使用 Sigmoid 函数实现，因此其计算代价较低，并且简单易于实现；但是它容易产生过拟合的现象，降低了分类精度。与 SVM 类似，如果判别目标为多个类别，只将多个 LR 组合起来即可解决。

（3）Softmax 分类器主要用于解决多分类问题，任务是 LR 分类器在多分类任务上的扩展，当分类任务是 2 时，Softmax 退化为 LR 分类。它将多个神经元的输出映射到$(0，1)$区间，从而将原问题转化为了概率问题，其对应的计算公式为：

$$P_i = \frac{e^{z_i}}{\sum_{j=1}^{C} e^{z_j}} \qquad (4\text{-}2\text{-}3)$$

式中，$C$ 表示类别或者标签总数，$Z$ 代表该类别的分数向量，$P$ 代表该类别对应的概率向量。最终 Softmax 得到的概率非负，且 $C$ 个类别的概率值相加和为 1，分母综合利用了原始输出值的所有类别，使得每一个类别概率都与其他概率之间有关联。

## 4.2.6　输出层

输出层（Output Layer）与输入层类似，并不是卷积神经网络的核心组成，其作用仅仅为将分类器输出的结果按实际需要转换为相应数据。例如分类的类别、识别到的目标位置等。

## 4.3　典型卷积神经网络模型

为了进一步理解卷积神经网络模型，教材选择了首次提出卷积神经网络的 LeNet 模型、通过 ReLU 解决深度网络梯度弥散问题的 AlexNet 模型以及在影像分类中表现不俗的 VGGNet 模型进行介绍。由于还没有讲 Python 和深度学习框架相关语法，读者可能理解不了代码的含义，这个没有关系，先了解一些网络模型代码的概要，等学习了相关语法再回过头来看，就可以彻底理解了。

### 4.3.1　LeNet 模型

LeNet 模型是卷积神经网络的开山之作，也是将深度学习推向繁荣的一座里程碑，由 Yann LeCun 于 1998 年提出。该模型首次采用了卷积层、池化层这两个全新的神经网络组件，在手写字符识别上取得了瞩目的准确率。LeNet 网络模型结构如图 4-12 所示。

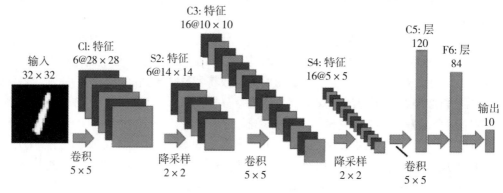

图 4-12　LeNet 模型

LeNet 模型的输入层即为手写数字库中的图片数据，大小为 32×32，除此之外，LeNet 模型还包含 7 层网络：3 层卷积层、2 层池化层、1 层全连接层以及结果输出层，网络模型 PyTorch 代码如下：

```
class LeNet5(nn.Module):
    def __init__(self):
        super(convolution_neural_network, self).__init__()
        self.conv = nn.Sequential(
            nn.Conv2d(in_c = 1, out_c = 6, k_size = 5, stride = 1,
padding = 0),
            nn.Sigmoid(),
            nn.MaxPool2d(kernel_size = 2, stride = 2),  # 12×12×6
             nn.Conv2d(in_c = 6, out_c = 16, k_size = 5, stride = 1,
padding = 0),
```

```
        nn.Sigmoid(),
        nn.MaxPool2d(kernel_size=2, stride=2)  # 4×4×16
    )
    self.fc = nn.Sequential(
        nn.Linear(in_features=256, out_features=120),
        nn.Sigmoid(),
        nn.Linear(in_features=120, out_features=84),
        nn.Sigmoid(),
        nn.Linear(in_features=84, out_features=10),
    )
def forward(self, img):
    feature = self.conv(img)
    output = self.fc(feature.view(img.shape[0],-1))
    return output
```

## 4.3.2 AlexNet 模型

AlexNet 模型是在 2012 年由 ImageNet 竞赛冠军获得者 Hinton 和他的学生 Alex Krizhevsky 设计的。Hinton 是深度学习的开创者，在 2006 年首次提出了"深度学习"概念。AlexNet 将 LeNet 的思想发扬光大，把 CNN 的基本原理应用到了很深很宽的网络中，AlexNet 主要使用到的新技术点如下：

(1)成功使用 ReLU 作为 CNN 的激活函数，并验证其效果在较深的网络中超过了 Sigmoid，成功解决了 Sigmoid 在网络较深时的梯度弥散问题。

(2)训练时使用 Dropout 随机忽略一部分神经元，以避免模型过拟合。Dropout 虽有单独的论文论述，但是 AlexNet 将其实用化，通过实践证实了它的效果。

(3)在 CNN 中使用重叠的最大池化。此前 CNN 中普遍使用平均池化，AlexNet 全部使用最大池化，避免平均池化的模糊化效果。

(4)提出了 LRN(Local Response Normalization，局部响应归一化)层，对局部神经元的活动创建竞争机制，使得其中响应比较大的值变得相对更大，并抑制其他反馈较小的神经元，增强了模型的泛化能力。

(5)使用 CUDA 加速深度卷积网络的训练，利用 GPU 强大的并行计算能力，处理神经网络训练时大量的矩阵运算。

(6)数据增强，随机地从 256×256 大小的原始图像中截取 224×224 大小的区域以及水平翻转的镜像，相当于增加了 $2048(2\times(256-224)^2 = 2048)$ 倍的数据量。进行预测时，则是取图片的四个角加中间共 5 个位置，并进行左右翻转，一共获得 10 张图片，对它们进行预测并对 10 次结果求均值。

AlexNet 网络模型结构如图 4-13 所示。

AlexNet 网络模型的代码如下：

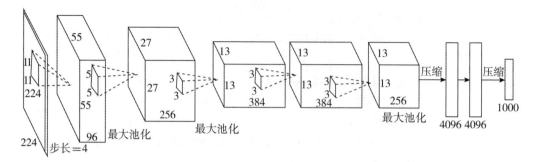

图 4-13　AlexNet 模型

```
class AlexNet(nn.Module):
    def __init__(self):
        super().__init__()
        #第一层是5×5的卷积,输入的channels是3,
        #输出的channels是64,步长是1,没有padding
        self.conv1 =nn.Sequential(
        nn.Conv2d(3,64,5),
        nn.ReLU(True))

        #第二层是3×3的池化,步长是2,没有padding
        self.max_pool1 =nn.MaxPool2d(3,2)
        #第三层是5×5的卷积,输入的channels是64,
        #输出的channels是64,步长是1,没有padding
        self.conv2 =nn.Sequential(
        nn.Conv2d(64,64,5,1),
        nn.ReLU(True))

        #第四层是3×3的池化,步长是2,没有padding
        self.max_pool2 =nn.MaxPool2d(3,2)

        #第五层是全连接层,输入是1204,输出是384
        self.fc1 =nn.Sequential(
        nn.Linear(1024,384),
        nn.ReLU(True))

        #第六层是全连接层,输入是384,输出是192
        self.fc2 =nn.Sequential(
        nn.Linear(384,192),
```

```
        nn.ReLU(True))

        #第七层是全连接层,输入是192,输出是10
        self.fc3=nn.Linear(192,10)

    def forward(self,x):
        x=self.conv1(x)
        x=self.max_pool1(x)
        x=self.conv2(x)
        x=self.max_pool2(x)

        #将矩阵拉平
        x=x.view(x.shape[0],-1)
        x=self.fc1(x)
        x=self.fc2(x)
        x=self.fc3(x)
```

### 4.3.3 VGGNet 模型

VGGNet 模型是由牛津大学的视觉几何组（Visual Geometry Group）和谷歌旗下的 DeepMind 团队的研究员共同研发提出的，获得了 2014 年 ImageNet 图像分类竞赛（ILSVRC）第二名，获得第一名的是 GoogLeNet。

VGGNet 模型的结构与 AlexNet 类似，区别是深度更深，但形式上更加简单。VGGNet 由 5 个卷积层、3 个全连接层、1 个 Softmax 输出层构成，层与层之间使用最大池化（maxpool）分开，所有隐藏层的激活单元都采用 ReLU 函数，VGGNet 网络模型结构如图 4-14 所示。

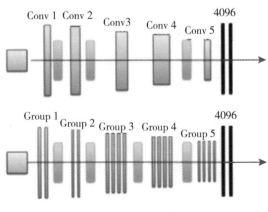

图 4-14　VGGNet 模型

**VGGNet 网络模型的代码如下:**

```python
import torch
import torch.nn as nn


class VGG(nn.Module):
    def __init__(self, features, num_classes=1000):
        super().__init__()
        self.features = features
        self.classifier = nn.Sequential(
            nn.Linear(512 * 7 * 7, 4096),
            nn.ReLU(inplace=True),
            nn.Dropout(p=0.5),
            nn.Linear(4096, 4096),
            nn.ReLU(inplace=True),
            nn.Dropout(p=0.5),
            nn.Linear(4096, num_classes)
        )

    def forward(self, inputs):
        x = self.features(inputs)  #[N, 3, 224, 224] —>[N, 512, 7, 7]
        x = torch.flatten(x, start_dim=1)  #[N, 512, 7, 7] —>[N, 512 * 7 * 7]
        outputs = self.classifier(x)  #[N, 512 * 7 * 7] —>[N, num_classes]
        return outputs


# VGGNet 的配置文件,数字表示卷积层输出的 feature map 大小
#'M' 表示在最大池化下采样
cfgs = {
    'vgg11': [64, 'M', 128, 'M', 256, 256, 'M', 512, 512, 'M', 512, 512, 'M'],
    'vgg13': [64, 64, 'M', 128, 128, 'M', 256, 256, 'M', 512, 512, 'M', 512, 512, 'M'],
    'vgg16': [64, 64, 'M', 128, 128, 'M', 256, 256, 256, 'M', 512, 512, 512, 'M', 512, 512, 512, 'M'],
    'vgg19': [64, 64, 'M', 128, 128, 'M', 256, 256, 256, 256, 'M', 512, 512, 512, 512, 'M', 512, 512, 512, 512, 'M']
}
```

```
def make_features(cfg: list):
    """根据cfgs配置制作vgg的特征提取层"""
    layers = []
    in_channels = 3
    for v in cfg:
        if v == "M":
            maxpool2d = nn.MaxPool2d(kernel_size=2, stride=2)
            layers.append(maxpool2d)
        else:
            conv2d = nn.Conv2d(in_channels=in_channels, out_channels=v, kernel_size=3, padding=1)
            layers.append(conv2d)
            in_channels = v
    return nn.Sequential(*layers)


def vgg(model_name="vgg16", **kwargs):
    assert model_name in cfgs,
    "Warning: {} not in config dict!".format(model_name)

    cfg = cfgs[model_name]
    model = VGG(features=make_features(cfg), **kwargs)
    return model
```

# 第 5 章　Python 基础

## 5.1　Python 概述

　　Python 编程语言在 1991 年发行第一个版本，2010 年以后随着大数据和人工智能的兴起，Python 重新焕发出了耀眼的光芒。在 2019 年 12 月世界编程语言排行榜中，Python 排名第三，仅次于 Java 和 C 语言。Python 属于典型的解释型语言，所以运行 Python 程序需要解释器的支持，只要在不同的平台安装了不同的解释器，代码就可以随时运行，不用担心任何兼容性问题，实现了真正的"一次编写，到处运行"。Python 几乎支持所有常见的平台，比如 Linux、Windows、Mac OS、Android、FreeBSD、Solaris、PocketPC 等，所写的Python 代码无须修改就能在这些平台上正确运行。总之，Python 语言具有如下特点：

　　1）语法简单

　　和传统的 C/C++、Java、C# 等语言相比，Python 对代码格式的要求没有那么严格，这使得用户在编写代码时比较舒服，不用在细枝末节上花费太多精力。例如：Python 不要求在每个语句的最后写分号，当然写上也没错；定义变量时不需要指明类型，甚至可以给同一个变量赋值不同类型的数据。这两点也是 PHP、JavaScript、MATLAB 等常见脚本语言都具备的特性。同时，Python 是一种代表极简主义的编程语言，阅读一段排版优美的Python 代码，就像在阅读一段英文短文，非常贴近人类语言，所以人们常说，Python 是一种具有伪代码特质的编程语言。伪代码(Pseudo Code)是一种算法描述语言，它介于自然语言和编程语言之间，使用伪代码的目的是为了使被描述的算法可以容易地以任何一种编程语言(Pascal，C，Java 等)实现。因此，伪代码必须结构清晰、代码简单、可读性好，并且类似自然语言。

　　2）Python 是开源的

　　开源，也即开放源代码，意思是所有用户都可以看到源代码。Python 的开源体现在两个方面：第一，程序员使用 Python 编写的代码是开源的。比如我们开发了一个 BBS 系统，放在互联网上让用户下载，那么用户下载到的就是该系统的所有源代码，并且可以随意修改。这也是解释型语言本身的特性，想要运行程序就必须有源代码。第二，Python 解释器和模块是开源的。官方将 Python 解释器和模块的代码开源，是希望所有 Python 用户都参与进来，一起改进 Python 的性能，弥补 Python 的漏洞，让 Python 更完善。

　　3）Python 是免费的

　　开源并不等于免费，开源软件和免费软件是两个概念，只不过大多数的开源软件也是免费软件；Python 就是这样一种语言，它既开源又免费。用户使用 Python 进行开发或者发布自己的程序，不需要支付任何费用，也不用担心版权问题，即使作为商业用途，Python 也是免费的。

4）Python 是高级语言

这里所说的高级，是指 Python 封装较深，屏蔽了很多底层细节，比如 Python 会自动管理内存(需要时自动分配，不需要时自动释放)。高级语言的优点是使用方便，不用顾虑细枝末节；缺点是容易让人浅尝辄止，知其然而不知其所以然。

5）Python 是解释型语言，能跨平台

解释型语言一般都是跨平台的(可移植性好)，Python 也不例外，由于本身就是源代码，可在目标平台上实时解释与运行，显然与平台无关。

6）Python 是面向对象的编程语言

面向对象是现代编程语言一般都具备的特性，否则在开发大型程序时会捉襟见肘。Python 支持面向对象，但它不强制使用面向对象。Java 是典型的面向对象的编程语言，但是它强制必须以类和对象的形式来组织代码。

7）Python 模块众多，功能强大

Python 的模块众多，基本实现了所有常见的功能，从简单的字符串处理，到复杂的 3D 图形绘制，借助 Python 模块都可以轻松完成。Python 社区发展良好，除了 Python 官方提供的核心模块，很多第三方机构也会参与进来开发模块，这其中就有 Google、Facebook、Microsoft 等软件巨头。即使是一些小众的功能，Python 往往也有对应的开源模块，甚至有可能不止一个模块。

8）Python 可扩展性强

Python 的可扩展性体现在它的模块上，Python 具有脚本语言中最丰富和强大的类库，这些类库覆盖了文件 I/O、GUI、网络编程、数据库访问、文本操作等绝大部分应用场景。这些类库的底层代码不一定都是 Python，还有很多 C/C++的身影。当需要一段关键代码运行速度更快时，就可以使用 C/C++语言实现，然后在 Python 中调用它们。Python 能把其他语言"粘"在一起，所以被称为"胶水语言"。Python 依靠其良好的扩展性，在一定程度上弥补了运行速度慢的缺点。

9）运行速度慢

运行速度慢是解释型语言的通病，Python 也不例外。Python 运行速度慢不仅仅是因为它一边运行一边"翻译"源代码，还因为 Python 是高级语言，屏蔽了很多底层细节。这个代价也是很大的，Python 需要多做很多工作，有些工作是很消耗资源的，比如管理内存。Python 的运行速度在几种语言中几乎是最慢的，不但远远慢于 C/C++，还慢于 Java。但是速度慢的缺点往往也不会带来什么大问题。首先是计算机的硬件速度越来越快，多花钱就可以堆出高性能的硬件，硬件性能的提升可以弥补软件性能的不足。其次是有些应用场景可以容忍速度慢，比如网站，用户打开一个网页的大部分时间是在等待网络请求，而不是等待服务器执行网页程序。服务器花 1ms 执行程序，和花 20ms 执行程序，对用户来说是毫无感觉的，因为网络连接时间往往需要 500ms，甚至 2000ms。

10）代码无法加密

不像编译型语言的源代码会被编译成可执行程序，Python 是直接运行源代码，因此对

源代码没有好的办法进行加密。最新的 Python 也提供了将程序打包为可执行.exe的功能，但这个做法又与 Python 的可移植性相矛盾，不受欢迎。

## 5.2　Python 环境搭建

Python 可以被移植到各个平台上，但需要使用 C 编译器手动编译源代码，通常我们可以直接选择下载官网提供的与自己所用平台兼容的二进制代码安装 Python。Python 官网为：https：//www.python.org/。

官网提供了有关 Python 的各种文档，并提供了如 HTML、PDF 和 PostScript 等格式。为了使用方便，我们通常不需要在 Python 官网下载和安装，而是直接使用命令行辅助工具 conda，conda 支持 Windows、Linux、Mac OS 等各种平台，并内置了 Python，安装好conda 工具后 Python 环境就自动搭建好了，而且还提供了多个环境配置功能，方便我们建立多种环境进行开发。conda 的安装请参考第 2 章 2.1.2 节中的"conda 的安装"。

无论使用 Python 官网还是等 conda 安装好后，在命令行中输入"python"就可以进入Python 环境，开始交互式编程，如图 5-1 所示。

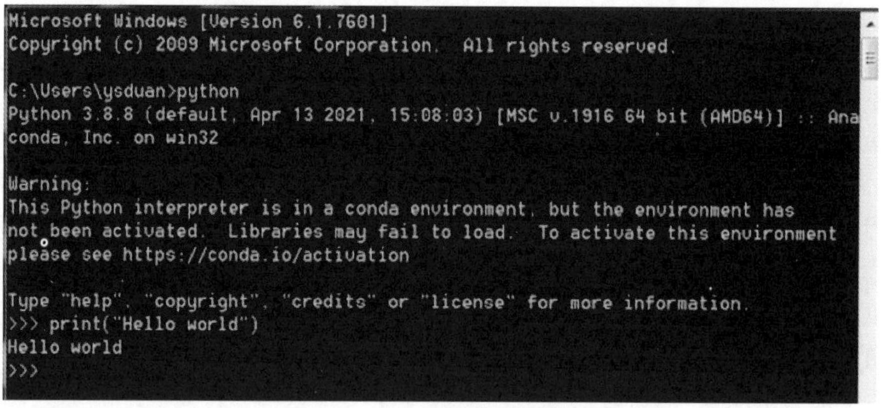

```
Microsoft Windows [Version 6.1.7601]
Copyright (c) 2009 Microsoft Corporation.  All rights reserved.

C:\Users\ysduan>python
Python 3.8.8 (default, Apr 13 2021, 15:08:03) [MSC v.1916 64 bit (AMD64)] :: Ana
conda, Inc. on win32

Warning:
This Python interpreter is in a conda environment, but the environment has
not been activated. Libraries may fail to load. To activate this environment
please see https://conda.io/activation

Type "help", "copyright", "credits" or "license" for more information.
>>> print("Hello world")
Hello world
>>>
```

图 5-1　Python 运行环境测试

## 5.3　Python 程序

Python 是一种解释型的脚本编程语言，这样的编程语言一般支持两种代码运行方式：①交互式编程按句执行。在命令行窗口中直接输入代码，按下回车键就可以运行代码，并立即看到输出结果；执行完一行代码，还可以继续输入下一行代码，再次按回车键并查看结果……整个过程就好像我们在和计算机对话，所以称为交互式编程。②编写源文件后执行。创建一个源文件，将所有代码放在源文件中，让解释器逐行读取并执行源文件中的代码，直到文件末尾，也就是批量执行代码，这是最常见的编程方式。

### 5.3.1 Python 编程

一般有两种方法进入 Python 交互式编程环境。第一种方法是在命令行工具或者终端 (terminal)窗口中输入"python"命令，看到">>>"提示符就可以开始输入代码了，如图 5-2 所示。编程结束，退出 python 的命令是"exit( )"，快捷键为"Ctrl+Z"。

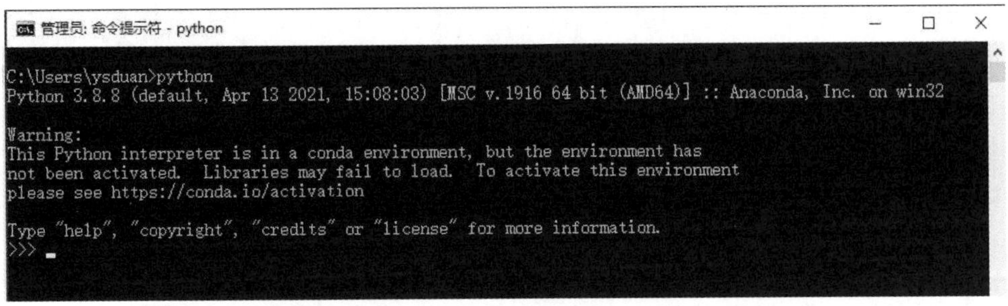

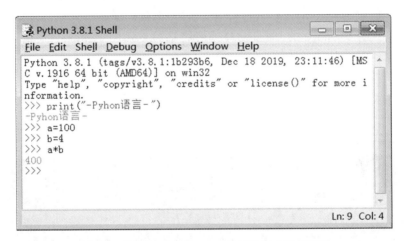

图 5-2 使用 python 命令进入交互式编程环境

第二种进入 Python 交互式编程环境的方法是，打开 Python 自带的 IDLE 工具，默认就会进入交互式编程环境，如图 5-3 所示。

图 5-3 使用 Python 的 IDLE 工具进行交互式编程

IDLE 支持代码高亮，看起来更加清爽，所以推荐使用 IDLE 编程。实际上，用户可以在交互式编程环境中输入任何复杂的表达式(包括数学计算、逻辑运算、循环语句、函数调用等)，Python 总能帮他得到正确的结果。这也是很多非专业程序员喜欢 Python 的一个原因：即使用户不是程序员，但只要输入想执行的运算，Python 就能告诉他正确的答案。从这个角度来看，Python 的交互式编程环境相当于一个功能无比强大的"计算器"，比 Windows 、Mac OS X 系统自带的计算器的功能强大多了。

交互式编程比较浅显，真正的项目开发还是需要编写源文件的。Python 源文件是一

71

种纯文本文件，内部没有任何特殊格式，用户可以使用任何文本编辑器打开它，比如：Windows 下的记事本程序；Linux 下的 Vim、gedit 等；Mac OS 下的 TextEdit 工具；跨平台的 Notepad++、EditPlus、UltraEdit 等；更加专业和现代化的 VS Code 和 Sublime Text(也支持多种平台)。

Python 源文件的后缀为 .py。Python 源文件是一种纯文本文件，会涉及编码格式的问题，也就是使用哪种编码来存储源代码。Python 3.x 已经将 UTF-8 作为默认的源文件编码格式，所以推荐大家使用专业的文本编辑器，比如 Sublime Text、VS Code、Vim、Notepad++等，它们都默认支持 UTF-8 编码。UTF-8 是跨平台的、国际化的，编程语言使用 UTF-8 是大势所趋。

使用编辑器，并输入下面的代码：

```
print("Python 编程:Hello world Python")
a = 100
b =2
print(a*b)
```

输入完成以后注意保存为 demo.py。

运行 Python 源文件有两种方法：

(1)使用 Python 自带的 IDLE 工具运行源文件。

通过 File→Open 菜单打开 demo.py 源文件，然后在源文件的菜单栏中选择 Run→Run Module，或者按下快捷键 F5，就可以执行源文件中的代码了。

(2)在命令行(Windows 的 Command)或者终端(Linux 的 Terminal)中输入下面的命令就可以运行源文件：

```
python d:\demo.py
```

运行完该命令，可以立即看到输出结果，如图 5-4 所示。

图 5-4 在 Windows 命令行工具中运行 Python 源文件

这里简单介绍一下 python 命令，它的语法非常简单，其基本格式如下：

```
python <源文件路径>
```

这里的源文件路径，可以是自盘符(C 盘、D 盘)开始的绝对路径，比如 D:\PythonDemo\demo.py；也可以在执行 python 命令之前，先进入源文件所在的目录，然后只写文件名，也就是使用相对路径。

### 5.3.2 Python 注释

Python 使用"#"作为单行注释的符号，语法格式为：

#注释语句

Python 使用 3 个连续的单引号"'''"或者 3 个连续的双引号""" " ""注释多行内容，具体格式如下：

''' 或 """

使用 3 个单引号分别作为注释的开头和结尾可以一次性注释多行内容。里面的内容全部是注释内容。

### 5.3.3 Python 缩进

和其他程序设计语言(如 Java、C 语言)采用大括号"{}"分隔代码块不同，Python 采用代码缩进和冒号":"来区分代码块之间的层次。在 Python 中，对于类定义、函数定义、流程控制语句、异常处理语句等，行尾的冒号和下一行的缩进，表示下一个代码块的开始，而缩进的结束则表示此代码块的结束，如图 5-5 所示。

```
01.  height=float(input("输入身高: ")) #输入身高
02.  weight=float(input("输入体重: ")) #输入体重
03.  bmi=weight/(height*height)        #计算BMI指数
04.
05.  #判断身材是否合理
06.  if bmi<18.5:
07.      #下面 2 行同属于 if 分支语句中包含的代码，因此属于同一作用域
08.      print("BMI指数为: "+str(bmi)) #输出BMI指数
09.      print("体重过轻")
10.  if bmi>=18.5 and bmi<24.9:
11.      print("BMI指数为: "+str(bmi)) #输出BMI指数
12.      print("正常范围，注意保持")
13.  if bmi>=24.9 and bmi<29.9:
14.      print("BMI指数为: "+str(bmi)) #输出BMI指数
15.      print("体重过重")
16.  if bmi>=29.9:
17.      print(BMI指数为: "+str(bmi)) #输出BMI指数
18.      print("肥胖")
```

图 5-5 Python 代码的缩进实现分段

Python 中实现对代码的缩进，可以使用空格或者 Tab 键实现。但无论空格还是 Tab 键，都是采用 4 个空格长度作为一个缩进量。

### 5.3.4 Python 编码规范

Python 采用 PEP 8 作为编码规范，其中 PEP 是 Python Enhancement Proposal 的缩写，

8 代表的是 Python 代码的样式指南。下面给大家列出 PEP 8 中初学者应严格遵守的一些编码规则：

（1）每个 import 语句只导入一个模块，尽量避免一次导入多个模块，例如：

```
#推荐
import os
import sys
#不推荐
import os, sys
```

（2）不要在行尾添加分号，也不要用分号将两条命令放在同一行，例如：

```
#不推荐
height = float ( input ( "输入身高:")) ; weight = float ( input ( "输入体重:")) ;
```

（3）建议每行不超过 80 个字符，如果超过，建议使用小括号将多行内容隐式地连接起来，而不推荐使用反斜杠"\ "进行连接。例如：

```
#推荐
s = ( "Python 是一门好语言,需要非常认真努力的学生才可以,"
"不要碰到问题就直接放弃,而是应该克服困难学好 Python。")
#不推荐
s = " Python 是一门好语言,需要非常认真努力的学生才可以,\
不要碰到问题就直接放弃,而是应该克服困难学好 Python。"
```

（4）使用必要的空行可以增加代码的可读性，通常在顶级定义之间空两行，而在方法定义之间空一行，另外在用于分隔某些功能的位置也可以空一行。

（5）通常情况下，在运算符两侧、函数参数之间以及逗号两侧，都建议使用空格进行分隔。

### 5.3.5　Python 标识符规范

与绝大多数语言一样，Python 中的标识符遵守一定的命令规则，具体如下：

（1）标识符是由字符（A~Z 和 a~z）、下画线和数字组成，但第一个字符不能是数字。

（2）标识符不能和 Python 中的保留字相同。

（3）标识符不能包含空格、@ 、%以及 $ 等特殊字符。

（4）标识符的字母是严格区分大小写的，也就是说，两个同样的单词，如果大小格式不一样，它们代表的意义也是完全不同的。

（5）下画线开头的标识符有特殊含义，例如：

以单下画线开头的标识符（如_width），表示不能直接访问的类属性，其无法通过"from… import ＊"的方式导入；以双下画线开头的标识符（如＿＿add）表示类的私有成员；以双下画线作为开头和结尾的标识符（如＿_init__＿），是专用标识符。

（6）标识符允许使用非英文字母，例如汉字。

## 5.3.6 Python 关键字

Python 包含的关键字如表 5-1 所示。

**表 5-1 Python 语言的关键字**

| | | | | | |
|---|---|---|---|---|---|
| and | as | assert | break | class | continue |
| def | del | elif | else | except | finally |
| for | from | False | global | if | import |
| in | is | lambda | nonlocal | not | None |
| or | pass | raise | return | try | True |
| while | with | yield | | | |

在 Python 的交互环境中，可以通过函数 kwlist 进行显示和查询，实例代码如下：

```
>>> import keyword
>>> keyword.kwlist
```

## 5.3.7 Python 内置函数

Python 的内置函数和标准库函数不一样，内置函数是解释器的一部分，它随着解释器的启动而生效；标准库函数是解释器的外部扩展，导入模块以后才能生效。一般来说，内置函数的执行效率要高于标准库函数。

内置函数的数量必须被严格控制，否则 Python 解释器会变得庞大和臃肿。一般来说，只有那些使用频繁或者和语言本身绑定比较紧密的函数，才会被提升为内置函数。例如，在屏幕上输出文本就是使用最频繁的功能之一，所以 print( ) 是 Python 的内置函数。在 Python 2. x 中，print 是一个关键字；在 Python 3. x 中，print 变成了内置函数。除了print( ) 函数，Python 解释器还提供了很多内置函数，表 5-2 列出了 Python 3. x 中的常用内置函数。

**表 5-2 Python 3. x 中的常用内置函数**

| | | | | |
|---|---|---|---|---|
| abs( ) | delattr( ) | hash( ) | memoryview( ) | set( ) |
| all( ) | dict( ) | help( ) | min( ) | setattr( ) |
| any( ) | dir( ) | hex( ) | next( ) | slicea( ) |
| ascii( ) | divmod( ) | id( ) | object( ) | sorted( ) |
| bin( ) | enumerate( ) | input( ) | oct( ) | staticmethod( ) |
| bool( ) | eval( ) | int( ) | open( ) | str( ) |
| breakpoint( ) | exec( ) | isinstance( ) | ord( ) | sum( ) |

| bytearray( ) | filter( ) | issubclass( ) | pow( ) | super( ) |
|---|---|---|---|---|
| bytes( ) | float( ) | iter( ) | print( ) | tuple( ) |
| callable( ) | format( ) | len( ) | property( ) | type( ) |
| chr( ) | frozenset( ) | list( ) | range( ) | vars( ) |
| classmethod( ) | getattr( ) | locals( ) | repr( ) | zip( ) |
| compile( ) | globals( ) | map( ) | reversed( ) | _import_( ) |
| complex( ) | hasattr( ) | max( ) | round( ) | |

## 5.4　Python 基本语法

### 5.4.1　Python 变量类型

Python 是弱类型的语言，弱类型语言有两个特点：①变量无须声明就可以直接赋值，对一个不存在的变量赋值就相当于定义了一个新变量。②变量的数据类型可以随时改变，比如，同一个变量可以一会儿被赋值为整数，一会儿被赋值为字符串。Python 的变量首次出现就被定义，可以直接赋值，例如：n=10。在 Python 中，能够直接处理的数据类型有以下几种：

**1. 整数**

Python 可以处理任意大小的整数(int)，当然包括负整数，在程序中的表示方法和数学上的写法一模一样，例如：1，100，-8080，0，等等。Python 也支持用十六进制表示整数，十六进制用"0x"前缀和 0~9，a~f 表示，例如：0xff00，0xa5b4c3d2。对于很大的数，如 10000000000，很难数清楚 0 的个数。Python 允许在数字中间以"_"分隔，因此，写成 10_000_000_000 和 10000000000 是完全一样的。十六进制数也可以写成 0xa1b2_c3d4。

**2. 浮点数**

浮点数(float)也就是小数。浮点数可以用数学写法，如 1.23，3.14，-9.01，等等。但是对于很大或很小的浮点数，就必须用科学计数法表示，把 10 用 e 替代，$1.23×10^9$就是 1.23e9，或者 12.3e8，0.000012 可以写成 1.2e-5，等等。整数和浮点数在计算机内部存储的方式是不同的，整数运算是精确的，而浮点数运算则可能会有四舍五入的误差。

**3. 字符串**

字符串(string)是以单引号"'"或双引号"""括起来的任意文本，比如 'abc',"xyz"，等等。请注意，'' 或" "本身只是一种表示方式，不是字符串的一部分，因此，字符串 'abc' 只有 a，b，c 这 3 个字符。如果 ' 本身也是一个字符，那么就可以用" "括起来，比如"I'm OK"包含的是 I，'，m，空格，O，K 这 6 个字符。如果字符串内部既包含 ' 又包含"怎么办? 可以用转义字符"\"来标识, 比如:'I\'m\"OK\"!'。

**4. 复数**

复数(complex)与数学表达式一致, 由实部和虚部组成。虚部以 j 或者 J 作为后缀, 格式: a + bj。

**5. 布尔类型**

布尔值和布尔代数的表示完全一致, 一个布尔值只有 True、False 两种值, 要么是 True, 要么是 False, 在 Python 中, 可以直接用 True、False 表示布尔值(请注意大小写), 也可以通过布尔运算计算出来。

## 5.4.2　Python 运算符

Python 语言支持以下类型的运算: 赋值运算、算术运算、位运算、关系运算、逻辑运算、成员运算、身份运算。

**1. 赋值运算**

这是最简单的运算, 用"="号进行处理, 在变量之间进行赋值。

**2. 算术运算**

Python 语言常用的算术运算符如表 5-3 所示。

表 5-3　Python 语言常用的算术运算符

| 运算符 | 说　明 | 实例 | 结果 |
|---|---|---|---|
| + | 加 | 12.45+15 | 27.45 |
| − | 减 | 4.56−0.26 | 4.3 |
| * | 乘 | 5 * 3.6 | 18.0 |
| / | 除法(和数学中的规则一样) | 7/2 | 3.5 |
| // | 整除(只保留商的整数部分) | 7//2 | 3 |
| % | 取余, 即返回除法的余数 | 7%2 | 1 |
| * * | 幂运算/次方运算,即返回 x 的 y 次方 | 2 * *4 | 16,即 $2^4$ |

除了常用的算术运算符外, Python 语言还有扩展算术符, 如表 5-4 所示。

表 5-4　Python 语言扩展算术符

| 运算符 | 说明 | 用法举例 | 等价形式 |
|---|---|---|---|
| = | 最基本的赋值运算 | x = y | x = y |
| + = | 加赋值 | x+ = y | x = x+y |
| − = | 减赋值 | x− = y | x = x−y |
| * = | 乘赋值 | x * = y | x = x * y |

续表

| 运算符 | 说明 | 用法举例 | 等价形式 |
|---|---|---|---|
| / = | 除赋值 | x/ = y | x = x/y |
| % = | 取余数赋值 | x% = y | x = x%y |
| * * = | 幂赋值 | x * * = y | x = x * * y |
| // = | 取整数赋值 | x// = y | x = x//y |
| & = | 按位与赋值 | x& = y | x = x&y |
| \| = | 按位或赋值 | x\| = y | x = x\| y |
| ^= | 按位异或赋值 | x^ = y | x = x^y |
| <<= | 左移赋值 | x<< = y | x = x<<y，这里的 y 指的是左移的位数 |
| >>= | 右移赋值 | x>> = y | x = x>>y，这里的 y 指的是右移的位数 |

**3. 位运算**

Python 语言的位运算符如表 5-5 所示。

表 5-5　Python 语言的位运算符

| 位运算符 | 说明 | 使用形式 | 举　例 |
|---|---|---|---|
| & | 按位与 | a&b | 4&5 |
| \| | 按位或 | a\| b | 4\| 5 |
| ^ | 按位异或 | a^b | 4^5 |
| ~ | 按位取反 | ~a | ~4 |
| << | 按位左移 | a<<b | 4<<2，表示整数 4 按位左移 2 位 |
| >> | 按位右移 | a>>b | 4>>2，表示整数 4 按位右移 2 位 |

**4. 关系运算**

Python 语言的关系运算符如表 5-6 所示。

表 5-6　Python 语言的关系运算符

| 比较运算符 | 说　明 |
|---|---|
| > | 大于，如果 > 前面的值大于后面的值，则返回 True，否则返回 False |
| < | 小于，如果 < 前面的值小于后面的值，则返回 True，否则返回 False |
| = = | 等于，如果 = = 两边的值相等，则返回 True，否则返回 False |

续表

| 比较运算符 | 说　明 |
|---|---|
| >= | 大于等于(等价于数学中的≥)，如果 >= 前面的值大于或者等于后面的值，则返回 True，否则返回 False |
| <= | 小于等于(等价于数学中的≤)，如果 <= 前面的值小于或者等于后面的值，则返回 True，否则返回 False |
| ! = | 不等于(等价于数学中的≠)，如果 != 两边的值不相等，则返回 True，否则返回 False |
| is | 判断两个变量所引用的对象是否相同，如果相同则返回 True，否则返回 False |
| is not | 判断两个变量所引用的对象是否不相同，如果不相同则返回 True，否则返回 False |

**5. 逻辑运算**

Python 语言的逻辑运算符如表 5-7 所示。

**表 5-7　Python 语言的逻辑运算符**

| 逻辑运算符 | 含义 | 基本格式 | 说　明 |
|---|---|---|---|
| and | 逻辑与运算，等价于数学中的"且" | a and b | 当 a 和 b 两个表达式都为真时，a and b 的结果才为真，否则为假 |
| or | 逻辑或运算，等价于数学中的"或" | a or b | 当 a 和 b 两个表达式都为假时，a or b 的结果才是假，否则为真 |
| not | 逻辑非运算，等价于数学中的"非" | not a | 如果 a 为真，那么 not a 的结果为假；如果 a 为假，那么 not a 的结果为真。相当于对 a 取反 |

**6. 成员运算**

Python 的成员运算主要是针对字符串、列表或元组进行的一类运算，具体定义如表 5-8 所示。

**表 5-8　Python 语言的成员运算符**

| 成员运算符 | 功能 | 实例 |
|---|---|---|
| in | 是否包含某元素，输出为 True 或 False | 如果 x 在 y 序列中，返回 True |
| not in | 是否不包含某元素，输出为 True 或 False | 如果 x 在 y 序列中，返回 False |

**7. 身份运算**

Python 的身份运算符用于比较两个对象的存储单元，具体定义如表 5-9 所示。

表 5-9　**Python 的身份运算符**

| 身份运算符 | 功能 | 实例 |
|---|---|---|
| is | 用于判断两个标识符是引用自己的对象 | x is y，类似于 id(x)= =id(y)，如果 x 和 y 是同一对象，返回 True，否则返回 False |
| is not | 用于判断两个标识符不是引用自己的对象 | x is not y，类似于 id(x)! =id(y)，如果 x 和 y 不是同一对象，返回 True，否则返回 False |

### 5.4.3　Python 容器

容器，顾名思义，就是存放数据的一种数据结构，与数组类似，但容器比数组更加灵活，其最大特点包括：长度可以动态改变，数据类型多样化，支持排序、检索等操作。Python 提供的容器主要包括列表(list)、元组(tuple)、集合(set)和字典(dict)四种。

**1. 列表( list)**

列表语法为：

[ 元素 0，元素 1，元素 2，[子元素 0，子元素 1]，…]

用中括号包裹，逗号隔开元素，元素类型任意，可以嵌套，可以用 index 进行访问，对每个元素进行增删改查，可按 index 删除元素(pop)，也可按值删除元素(remove)，可以插入元素到某个位置(insert)，也可以追加元素到列表尾部(append)。

实例：

```
lst = [32，"33"，32.1，[8,"4"]]
print(lst)
print(lst [2])
lst.insert(2,"abc")
print(lst)
lst.remove(32)
print(lst)
```

输出结果如下：

```
[32,'33',32.1,[8,'4']]
32.1
[32,'33','abc',32.1,[8,'4']]
['33','abc',32.1,[8,'4']]
```

**2. 元组( tuple)**

元组语法为：

(元素 0，元素 1，元素 2，元素 3，…)

用小括号包裹，逗号隔开元素，元素类型必须统一，可以嵌套但是满足类型统一，可以用 index 进行读，但不可增删修改，即不能用 append、insert、remove 等函数。

实例：

```
tup = (1,3,5,7)
print(tup)
print(tup[2])
```

输出结果如下：

```
(1, 3, 5, 7)
5
```

### 3. 集合（set）

集合语法为：

{元素 0，元素 1，元素 2，[子元素 0，子元素 1]，…}

用大括号包裹，逗号隔开元素，元素类型任意，可以嵌套，可以用 index 进行访问，其元素操作与列表 list 一致，不过集合中的元素必须具有唯一性，如果加入的元素已经存在，则直接忽视。

实例：

```
tset = {123,"456"}
print(tset)
tset.add(34)
print(tset)
```

输出结果如下：

```
{'456', 123}
{'456', 123, 34}
```

### 4. 字典（dict）

字典语法为：

{ 元素 0 的 Key:元素 0 的 Value，元素 1 的 Key:元素 1 的 Value，…}

用大括号包裹，逗号隔开元素，元素构成必须统一格式，由冒号分隔的两部分，前半部分称 Key，必须是字符串，后半部分称 Value，可以是任意类型。字典不支持排序，可以嵌套。可以通过下标 [ ] 和 get 进行元素访问，在下标[ ]内输入 Key 时，必须用 pop 函数移除元素，而不能用 remove 函数移除元素。

实例：

```
tdict = {"1":1, "a":"a", "sub":{ "3":3,"d":3.14} }
print(tdict)
print(tdict["sub"]["d"])
```

输出结果如下：

```
{'1': 1, 'a': 'a', 'sub': {'3': 3, 'd': 3.14}}
3.14
```

特别地，所有容器都支持用 in 判断一个元素是否在容器内。

## 5.4.4 Python 字符串

字符串是 Python 中最常用的数据类型，使用单引号"' '"或双引号"" ""来创建字符串。Python 不支持单字符类型，单字符在 Python 中也是作为一个字符串使用。Python 访问子字符串，可以使用方括号[ ]来截取字符串，字符串截取的语法格式为：

变量[头下标:尾下标]

头下标和尾下标的索引值以 0 为开始值，−1 为从末尾的开始位置。具体含义如图 5-6 所示。

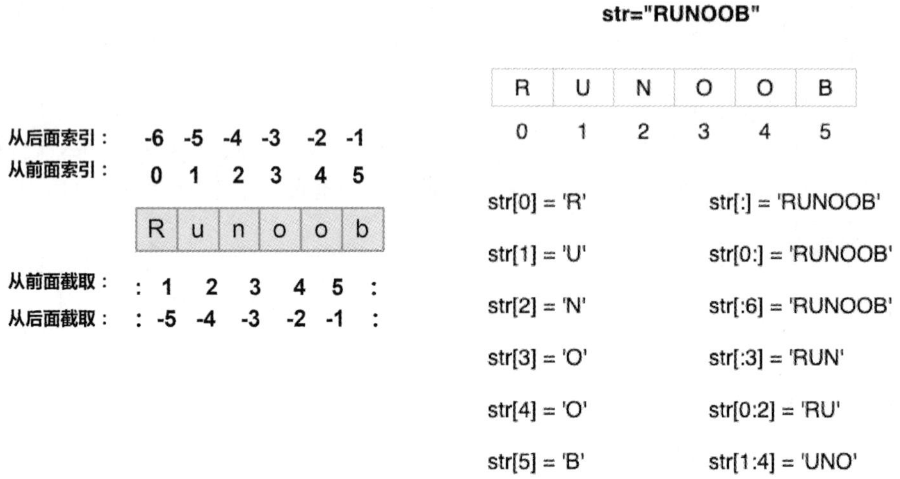

str="RUNOOB"

| R | U | N | O | O | B |
|---|---|---|---|---|---|
| 0 | 1 | 2 | 3 | 4 | 5 |

从后面索引：  -6 -5 -4 -3 -2 -1
从前面索引：  0　1　2　3　4　5

| R | u | n | o | o | b |
|---|---|---|---|---|---|

从前面截取：  : 1　2　3　4　5 :
从后面截取：  : -5　-4　-3　-2　-1 :

str[0] = 'R'　　　　　　　str[:] = 'RUNOOB'

str[1] = 'U'　　　　　　　str[0:] = 'RUNOOB'

str[2] = 'N'　　　　　　　str[:6] = 'RUNOOB'

str[3] = 'O'　　　　　　　str[:3] = 'RUN'

str[4] = 'O'　　　　　　　str[0:2] = 'RU'

str[5] = 'B'　　　　　　　str[1:4] = 'UNO'

图 5-6　Python 方括号[ ]截取字符串的含义

设 a 变量值为字符串"Hello"，b 变量值为"Python"，则字符串相关运算符如表 5-10 所示。

表 5-10　Python 字符串相关运算符

| 操作符 | 描　　述 | 实例 |
|---|---|---|
| + | 字符串连接 | a + b 输出结果：HelloPython |
| * | 重复输出字符串 | a * 2 输出结果：HelloHello |
| [ ] | 通过索引获取字符串中的字符 | a[1]输出结果 e |
| [：] | 截取字符串中的一部分，遵循左闭右开原则，str[0：2]是不包含第 3 个字符的 | a[1：4]输出结果 ell |
| in | 成员运算符：如果字符串中包含给定的字符返回 True | 'H' in a 输出结果 True |
| not in | 成员运算符：如果字符串中不包含给定的字符返回 True | 'M' not in a 输出结果 True |
| r/R | 原始字符串：所有的字符串都是直接按照字面的意思来使用，没有转义特殊或不能打印的字符。原始字符串除在字符串的第一个引号前加上字母 r(可以大小写)以外，与普通字符串有着几乎完全相同的语法 | print( r'\ n' ) print( R'\ n' ) |

| 操作符 | 描 述 | 实例 |
|---|---|---|
| %F | 格式字符串，其中%F 与 C 语言兼容，具体定义为：<br>%c：格式化字符及其 ASCII 码；%s：格式化字符串；<br>%d：格式化整数；%u：格式化无符号整型；%o：格式化无符号八进制数；%x：格式化无符号十六进制数；<br>%X：格式化无符号十六进制数（大写）；%f：格式化浮点数字，可指定小数点后的精度；%e：用科学计数法格式化浮点数；%E：作用同%e；%p：用十六进制数格式化变量的地址 | |

Python 字符串处理常用函数如表 5-11 所示。

**表 5-11　Python 字符串处理常用函数**

| 函数名 | 函 数 功 能 |
|---|---|
| capitalize() | 将字符串的第一个字符转换为大写 |
| center(width, fillchar) | 返回一个指定的宽度 width 居中的字符串，fillchar 为填充的字符，默认为空格 |
| count(str, beg=0, end=len(string)) | 返回 str 在 string 里面出现的次数，如果 beg 或者 end 指定则返回指定范围内 str 出现的次数 |
| bytes. decode(encoding="utf-8", errors="strict") | Python 本身没有 decode()，只能使用 bytes 对象的 decode() 方法来解码给定的 bytes 对象，这个 bytes 对象可以由 str. encode() 来编码返回 |
| encode (encoding='UTF-8', errors='strict') | 以 encoding 指定的编码格式编码字符串，如果出错默认报一个 ValueError 的异常，除非 errors 指定的是 'ignore' 或者 'replace' |
| endswith (suffix, beg=0, end=len(string)) | 检查字符串是否以 obj 结束，如果以 beg 或者 end 指定，则检查指定的范围内是否以 obj 结束，如果是，返回 True，否则返回 False |
| expandtabs(tabsize=8) | 把字符串 string 中的 tab 符号转为空格，tab 符号默认的空格数是 8 |
| find(str, beg=0, end=len(string)) | 检测 str 是否包含在字符串中，如果指定范围 beg 和 end，则检查是否包含在指定范围内，如果包含则返回开始的索引值，否则返回-1 |
| index(str, beg=0, end=len(string)) | 跟 find()方法一样，只不过如果 str 不在字符串中会报一个异常 |
| isalnum() | 如果字符串至少有一个字符并且所有字符都是字母或数字则返回 True，否则返回 False |
| isalpha() | 如果字符串至少有一个字符并且所有字符都是字母或中文字则返回 True，否则返回 False |
| isdigit() | 如果字符串只包含数字则返回 True，否则返回 False |

| 函数名 | 函数功能 |
|---|---|
| islower( ) | 如果字符串中包含至少一个区分大小写的字符，并且所有这些(区分大小写的)字符都是小写，则返回 True，否则返回 False |
| isnumeric( ) | 如果字符串中只包含数字字符，则返回 True，否则返回 False |
| isspace( ) | 如果字符串中只包含空白，则返回 True，否则返回 False |
| istitle( ) | 如果字符串是标题化的则返回 True，否则返回 False |
| isupper( ) | 如果字符串中包含至少一个区分大小写的字符，并且所有这些(区分大小写的)字符都是大写，则返回 True，否则返回 False |
| join(seq) | 以指定字符串作为分隔符，将 seq 中所有的元素(字符串表示)合并为一个新的字符串 |
| len(string) | 返回字符串长度 |
| ljust(width[，fillchar]) | 返回一个原字符串左对齐，并使用 fillchar 填充至长度 width 的新字符串，fillchar 默认为空格 |
| lower( ) | 转换字符串中所有大写字符为小写 |
| lstrip( ) | 截掉字符串左边的空格或指定字符 |
| maketrans | 创建字符映射的转换表，对于接受两个参数的最简单的调用方式，第一个参数是字符串，表示需要转换的字符，第二个参数也是字符串，表示转换的目标 |
| max(str) | 返回字符串 str 中最大的字母 |
| min(str) | 返回字符串 str 中最小的字母 |
| replace(old，new [，max]) | 将字符串中的 old 替换成 new，如果 max 指定，则替换不超过 max 次 |
| rfind( str，beg = 0，end = len(string)) | 类似于 find( )函数，不过是从右边开始查找 |
| rindex( str，beg＝0，end＝len(string)) | 类似于 index( )，不过是从右边开始 |
| rjust(width，[，fillchar]) | 返回一个原字符串右对齐，并使用 fillchar(默认空格)填充至长度 width 的新字符串 |
| rstrip( ) | 删除字符串末尾的空格或指定字符 |
| split ( str = " "，num = string. count(str)) | 以 str 为分隔符截取字符串，如果 num 有指定值，则仅截取 num+1 个子字符串 |
| splitlines([keepends]) | 按照行('\r'，'\r\n'，\n')分隔，返回一个包含各行作为元素的列表，如果参数 keepends 为 False，不包含换行符，如果为 True，则保留换行符 |
| startswith( substr，beg＝0，end＝len(string)) | 检查字符串是否是以指定子字符串 substr 开头，是则返回 True，否则返回 False。如果 beg 和 end 指定值，则在指定范围内检查 |

续表

| 函数名 | 函 数 功 能 |
|---|---|
| strip([chars]) | 在字符串上执行 lstrip() 和 rstrip() |
| swapcase() | 将字符串中的大写转换为小写,小写转换为大写 |
| title() | 返回"标题化"的字符串,就是说所有单词都是以大写开始,其余字母均为小写(见 istitle()) |
| translate(table, deletechars="") | 根据 table 给出的表(包含 256 个字符)转换 string 的字符,要过滤掉的字符放到 deletechars 参数中 |
| upper() | 转换字符串中的小写字母为大写 |
| zfill (width) | 返回长度为 width 的字符串,原字符串右对齐,前面填充 0 |
| isdecimal() | 检查字符串是否只包含十进制字符,如果是则返回 True,否则返回 False |

### 5.4.5 Python 控制语句

Python 语言的控制语句主要包括:条件控制语句和循环语句。

**1. 条件控制语句**

Python 语言的条件控制语句主要有 if 语句和 assert 断言语句。

Python 语言中 if 语句的关键字为:if…elif…else,一般形式如下所示:

```
if condition_1:
    statement_block_1
elif condition_2:
    statement_block_2
else:
    statement_block_3
```

如果 "condition_1" 为 True,将执行 "statement_block_1" 块语句;

如果 "condition_1" 为 False,将判断 "condition_2";

如果 "condition_2" 为 True,将执行 "statement_block_2" 块语句;

如果 "condition_2" 为 False,将执行"statement_block_3"块语句;

注意:

(1)每个条件后要使用冒号,表示接下来是满足条件后要执行的语句块。

(2)使用缩进来划分语句块,相同缩进数的语句在一起组成一个语句块。

(3)在 Python 中没有 switch…case 语句。

实例:

```
var1 = 100
if var1:
    print ("1-if 表达式条件为 true")
    print (var1)
```

```
var2 = 0
if var2:
    print ("2-if 表达式条件为 true")
    print (var2)
print ("Over!")
```

输出结果如下:

```
1-if 表达式条件为 true
100
Over!
```

Python assert 用于判断一个表达式，在表达式条件为 false 的时候触发异常。断言可以在条件不满足程序运行的情况下直接返回错误，而不必等待程序运行后出现崩溃的情况，例如我们的代码只能在 Linux 系统下运行，可以先判断当前系统是否符合条件。语法格式为:

```
assert expression[, arguments]
```

语句等价于:

```
if not expression:
    raise AssertionError(arguments)
```

实例 1:

```
>>> assert True      #条件为 true 正常执行
>>> assert False      #条件为 false 触发异常
Traceback (most recent call last):
  File "<stdin>", line 1, in <module>
AssertionError   #为定义错误
>>> assert 1 = =2, '1 不等于 2'  #输出 '1 不等于 2'
Traceback (most recent call last):
  File "<stdin>", line 1, in <module>
AssertionError: 1 不等于 2
>>>
```

实例 2:

```
import sys
assert ('linux' in sys.platform), "该代码只能在 Linux 下执行"
```

**2. 循环语句**

Python 中的循环语句有 while 和 for 。

Python 中 while 语句的一般形式:

```
while 判断条件(condition):
        执行语句(statements)...
```

实例:

```
n = 100
```

```
sum = 0
counter = 1
while counter <= n:
    sum = sum + counter
    counter += 1
print("1 到 %d 之和为：%d" % (n,sum))
```

执行结果如下：

1 到 100 之和为：5050

while… else 语句，如果 while 后面的条件语句为 false 时，则执行 else 的语句块。语法格式如下：

```
while <expr>:
    <statement(s)>
else:
    <additional_statement(s)>
```

expr 条件语句为 true，则执行 statement(s) 语句块，如果为 false，则执行 additional_statement(s)。

实例：

```
count = 0
while count < 5:
    print (count, "小于 5")
    count = count + 1
else:
    print (count, "大于或等于 5")
```

输出结果如下：

```
0   小于 5
1   小于 5
2   小于 5
3   小于 5
4   小于 5
5   大于或等于 5
```

Python 中 for 循环可以遍历任何可迭代对象，如一个列表或者一个字符串，for 循环的一般格式为：

```
for <variable> in <sequence>:
    <statements>
else:
    <statements>
```

实例：

```
sites = ["Baidu", "Google","Runoob","Taobao"]
```

```
for site in sites:
    if site == "Runoob":
        print("Python 教程!")
        break
    print("循环数据 " + site)
else:
    print("没有循环数据!")
print("完成循环!")
```

输出结果如下：

循环数据 Baidu

循环数据 Google

Python 教程!

完成循环!

如果需要遍历数字序列，可以使用内置 range() 函数，它会生成数列，例如：

```
>>>for i in range(0,5):
...    print(i)
...
0
1
2
3
4
```

在循环中使用 break 语句可以跳出 for 和 while 的循环体。也可以用 continue 语句，被用来告诉 Python 跳过当前循环块中的剩余语句，继续进行下一轮循环，此外还可以使用 pass 组成空语句。

实例：

```
for letter in 'Runoob':
    if letter == 'o':
        pass
        print ('执行 pass 块')
    print ('当前字母 :', letter)
print ("Over!")
```

输出结果如下：

当前字母 : R

当前字母 : u

当前字母 : n

执行 pass 块

当前字母 : o

```
执行 pass 块
当前字母：o
当前字母：b
Over!
```

## 5.4.6 Python 函数

Python 语言定义函数需要用 def 关键字实现，具体的语法格式如下：

```
def 函数名(参数列表):
    //实现特定功能的实际代码
    [return [返回值]]
```

各部分参数的含义如下：

函数名：其实就是一个符合 Python 语法的标识符，最好能够体现出该函数功能的单词。

参数列表：设置该函数可以接收多少个参数，多个参数之间用逗号","分隔。

[return [返回值]]：整体作为函数的可选参数，用于设置该函数的返回值。也就是说，一个函数，可以有返回值，也可以没有返回值，是否需要根据实际情况而定。

对于定义一个简单的函数，Python 还提供了另外一种方法，即 lambda 表达式。lambda 表达式，又称匿名函数，常用来表示内部仅包含 1 行表达式的函数。如果一个函数的函数体仅有 1 行表达式，则该函数就可以用 lambda 表达式来代替。lambda 表达式的语法格式如下：

```
name = lambda [list]:表达式
```

其中，定义 lambda 表达式，必须使用 lambda 关键字；[list]作为可选参数，等同于定义函数是指定的参数列表；value 为该表达式的名称。

例如函数：

```
def add(x,y):
    return x+y
```

的 lambda 表达式为：

```
add = lambda x,y:x+y
```

实例：

```
def max(a,b):
    if a>b:
        return a
    else:
        return b


a = 4
b = 5
```

```
print(max(a,b))
```
执行输出：5

### 5.4.7　Python 的类

Python 是面向对象的编程语言，因此类和对象是 Python 的重要特征，相比其他面向对象语言，Python 很容易就可以创建出一个类和对象。同时，Python 也支持面向对象的三大特征：封装、继承和多态。

**1. Python 类的定义**

Python 中定义一个类使用 class 关键字实现，其基本语法格式如下：

```
class 类名:
    多个类属性...
    多个类方法...
```

注意，无论是类属性还是类方法，对于类来说，它们都不是必需的，可以有也可以没有。另外，Python 类中属性和方法所在的位置是任意的，即它们之间并没有固定的前后次序。

和变量名一样，类名本质上就是一个标识符，因此我们在给类取名字时，必须让其符合 Python 的语法。在给类取名字时，最好使用能代表该类功能的单词，例如用"Student"作为学生类的类名。

**2. Python 类的构造函数\_\_init\_\_( )**

在创建类时，我们可以手动添加一个\_\_init\_\_( ) 方法，该方法是一个特殊的类实例方法，称为构造方法(或构造函数)。

构造方法用于创建对象时使用，每当创建一个类的实例对象时，Python 解释器都会自动调用它。Python 类中，手动添加构造方法的语法格式如下：

```
def __init__(self,...):
    代码块
```

注意,构造函数\_\_init\_\_( ) 方法名中,开头和结尾各有 2 个下画线,且中间不能有空格。Python 中有很多这种以双下画线开头、双下画线结尾的方法,都具有特殊的意义。\_\_init\_\_( ) 方法可以包含多个参数，但必须包含一个名为 self 的参数，且必须作为第一个参数。也就是说，类的构造方法最少也要有一个 self 参数。

**3. Python 类的析构函数\_\_del\_\_( )**

析构函数\_\_del\_\_( )的功能正好和 \_\_init\_\_( ) 相反，其用来销毁实例化对象。

Python 类对象的使用，定义的类只有进行实例化，也就是使用该类创建对象之后，才能得到利用。只有实例化后的类对象才可以执行以下操作：访问或修改类对象具有的实例变量，甚至可以添加新的实例变量或者删除已有的实例变量；调用类对象的方法，包括调用现有的方法，以及给类对象动态添加方法。

**4. 访问类对象**

通过类对象访问类的实例变量语法格式如下：

类对象名 . 变量名

使用类对象调用类中方法的语法格式如下：

对象名 . 方法名(参数)

**5. Python 类的 self 参数**

在定义类的过程中，无论是显式创建类的构造方法，还是向类中添加实例方法，都要求将 self 参数作为方法的第一个参数。

实例(定义一个 Person 类)：

```
class Person:
    def __init__(self):
        print("正在执行构造方法")
    #定义一个 study()实例方法
    def study(self,name):
        print(name,"正在学 Python")
```

self 相当于 C++的 this 指针，而且要求必须显式调用，无论是构造方法还是实例方法，都要包含 self，不过，Python 语言本身没有规定该参数的具体名称，之所以将其命名为 self，只是程序员之间约定俗成的一种习惯。

## 5.4.8 Python 的文件操作

Python 中对文件的操作有很多种，常见的操作包括创建、删除、修改权限、读取、写入等，这些操作可大致分为以下两类：

(1)删除、修改权限：作用于文件整体本身，属于系统级操作；

(2)写入、读取内容：作用于文件的内容，属于应用级操作。

对文件的系统级操作功能单一，可以借助 Python 中的专用模块，如 os、sys 等，调用模块中的指定函数来实现。

实例(删除文件"d:/a.txt")：

```
import os
os.remove("d:/a.txt")
```

对于文件内容的应用级操作，通常需要按照固定的步骤进行操作，一般分为以下三步，每一步都需要借助对应的函数实现。

(1)打开文件：使用 open( ) 函数，该函数会返回一个文件对象；

(2)对已打开文件做读/写操作：读取文件内容可使用 read( )、readline( ) 以及 readlines( ) 函数；向文件中写入内容，可以使用 write( ) 函数；

(3)关闭文件：完成对文件的读/写操作之后，最后需要关闭文件，可以使用 close( ) 函数。

一个文件，必须在打开之后才能对其进行操作，并且在操作结束之后，还应该将其关闭，这三步的顺序不能打乱，常见文件处理函数如表 5-12 所示。

91

表 5-12　**Python 常见文件处理函数**

| 函数名 | 功　　能 |
|---|---|
| open( ) | 打开指定文件 |
| read( ) | 按字节(字符)读取文件 |
| readline( )和 readlines( ) | 按行读取文件 |
| write | 向文件中写入数据 |
| writelines | 向文件中写入文本数据 |
| seek( ) | 移动读写位置 |
| tell( ) | 返回文件大小 |
| close( ) | 关闭文件 |

实例:

```
>>> f = open('d:/test.txt', 'w')
>>> f.write('Hello,Python! ')
>>> f.close()
```

## 5.5　Python 模块、包与入口函数

### 5.5.1　Python 模块

　　Python 提供了强大的模块支持,主要体现在,Python 标准库中不仅包含了大量的模块(称为标准模块),还有大量的第三方模块,开发者自己也可以开发自定义模块。通过这些强大的模块可以极大地提高开发者的开发效率。

　　模块,英文为 Modules,其实就是 Python 程序。换句话说,任何 Python 程序都可以作为模块。我们可以将 Python 代码写到一个文件中,但随着程序功能越来越复杂,程序体积会不断变大,为了便于维护,通常会将其分为多个文件(模块),这样不仅可以提高代码的可维护性,还可以提高代码的可重用性。模块可以理解为是对代码更高级的封装,即把能够实现某一特定功能的代码编写在同一个.py 文件中,并将其作为一个独立的模块,这样既可以方便其他程序或脚本导入并使用,还能有效避免函数名和变量名发生冲突。

　　举一个简单的例子,在某一目录下(桌面也可以)创建一个名为 hello.py 的文件,其包含的代码如下:

```
def say ():
    print("Hello,World!")
```

在同一目录下,再创建一个 say.py 文件,其包含的代码如下:

```
#通过 import 关键字,将 hello.py 模块引入此文件
import hello
```

```
hello.say()
```
运行 say.py 文件，其输出结果为：

```
Hello,World!
```

这里 say.py 文件中使用了原本在 hello.py 文件中才有的 say() 函数，相对于 say.py 来说，hello.py 就是一个自定义的模块，只需要将 hello.py 模块导入 say.py 文件中，就可以直接在 say.py 文件中使用模块中的资源。当调用模块中的 say() 函数时，使用的语法格式为"模块名.函数"，这是因为，相对于 say.py 文件，hello.py 文件中的代码自成一个命名空间，因此在调用其他模块中的函数时，需要指明函数的出处，否则 Python 解释器将会报错。

## 5.5.2  Python 模块导入

使用 Python 进行编程时，如果其他人已经写好了程序(模块)，只需要将此模块导入当前程序，就可以直接使用。具体就是使用 import 导入模块。import 还有更多详细的用法，主要有以下两种：

```
import 模块名1[as 别名1],模块名2[as 别名2],…:
```

使用这种语法格式的 import 语句，会导入指定模块中的所有成员(包括变量、函数、类等)。不仅如此，当需要使用模块中的成员时，需用该模块名(或别名)作为前缀，否则 Python 解释器会报错。

```
from 模块名 import 成员名1[as 别名1],成员名2[as 别名2],…:
```

使用这种语法格式的 import 语句，只会导入模块中指定的成员，而不是全部成员。同时，当程序中使用该成员时，无须附加任何前缀，直接使用成员名(或别名)即可。其中，第二种 import 语句也可以导入指定模块中的所有成员，即使用 from 模块名 import *，但此方式不推荐使用。

实例：

```
#导入 sys 整个模块
import sys
#使用 sys 模块名作为前缀来访问模块中的成员
print(sys.argv[0])
```

这里使用最简单的方式导入了 sys 模块，使用 sys 模块内的成员时，必须添加模块名作为前缀。

实例：

```
#导入 sys 整个模块,并指定别名为 s
import sys as s
#使用 s 模块别名作为前缀来访问模块中的成员
print(s.argv[0])
```

这里在导入 sys 模块时指定了别名 s，因此在程序中使用 sys 模块内的成员时，必须添加模块别名 s 作为前缀。

import 语法可以一次导入多个模块，多个模块之间用逗号隔开。例如同时导入 sys、os

两个模块的代码为(不推荐用这种模式引入)：

```
import sys,os
```

import 语法也可以只导入模块中的某个函数，例如导入 module2 的函数 foo 并重命名为 f2 的代码为：

```
from module2 import foo as f2
```

### 5.5.3　设置 Python 的执行方式

一个 Python 文件有两种使用的方法：第一种是直接作为脚本执行，第二种是 import 到其他的 Python 脚本中被调用(模块重用)执行，为分析两种方法的差异，设计了以下例子。先在 test. py 中写入如下代码：

```
print "I'm the first."
if __name__=="__main__":
    print "I'm the second."
```

并直接执行 test. py，结果如图 5-7 所示。

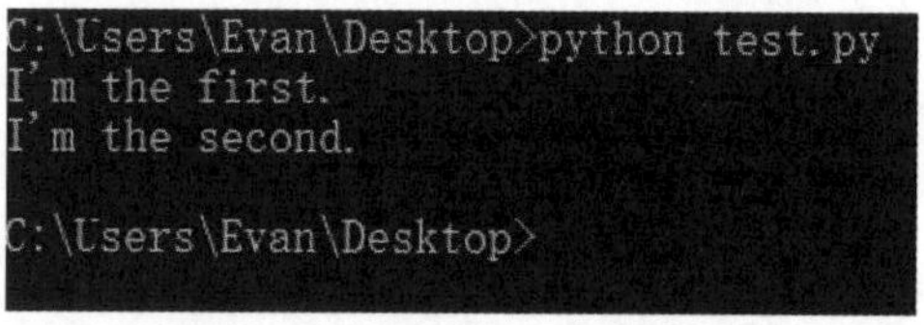

图 5-7　直接执行 py 代码的情况

执行结构表明打印输出了两行字符串，即"if __name__=="__main__":"语句之前和之后的代码都被执行。然后在同一文件夹中新建名称为 import_test. py 的脚本，只输入如下代码：

```
import test
```

执行 import_test. py 脚本，输出结果如图 5-8 所示。

图 5-8　引入执行 py 代码的情况

结果只输出了第一行字符串，即"if __name__=="__main__":"之前的语句被执行，之后的没有被执行。可见"if __name__ == "__main__":"可以控制这两种情况执行代码的过程，在"if __name__ == "__main__":"下的代码只有在文件作为脚本直接执行的情况下才会被执行，而 import 到其他脚本中是不会被执行的。通过这种方式可以控制 Python 代码执行方式，形式上有点像 C 语言的入口函数 main()，通常包含"if __name__ == "__main__""的 Python 程序就是要执行的程序。

## 5.6 Python 扩展模块

### 5.6.1 数值计算 NumPy

NumPy(Numerical Python)是 Python 语言的一个扩展程序库，支持大量的多维度数组与矩阵运算，针对数组运算提供大量的数学函数库。NumPy 的前身 Numeric 最早是由 Jim Hugunin 与其他协作者共同开发的，2005 年，Travis Oliphant 在 Numeric 中结合了另一个同性质的程序库 Numarray 的特色，并加入其他扩展而开发了 NumPy，NumPy 为开放源代码并且由许多协作者共同维护开发。NumPy 通常与 SciPy(Scientific Python) 和 Matplotlib(绘图库)一起使用，这种组合广泛用于替代 MATLAB，是一个强大的科学计算环境，有助于我们使用 Python 进行数据分析和处理。

NumPy 是 Python 中科学计算的基础包，提供多维数组对象、各种派生对象以及用于数组快速操作的各种 API，包括数学、逻辑、形状操作、排序、选择、输入输出、离散傅里叶变换、基本线性代数、基本统计运算和随机模拟等。NumPy 是一个运行速度非常快的数学库，主要用于数组计算，其主要内容包含：

(1)一个强大的 $N$ 维数组对象 ndarray；

(2)广播功能函数；

(3)整合 C/C++/Fortran 代码的工具；

(4)线性代数、傅里叶变换、随机数生成等功能。

ndarray 对象是 NumPy 包的核心，它封装了 Python 原生同数据类型的 $n$ 维数组，为了保证其性能优良，其中有许多操作是代码在本地进行编译后执行的。ndarray 和原生 Python Array(数组)之间有几个重要的区别：

ndarray 在创建时具有固定的大小，与 Python 的原生数组对象(可以动态增长)不同，更改 ndarray 的大小将创建一个新数组并删除原来的数组。

ndarray 中的元素都需要具有相同的数据类型，因此在内存中的大小相同。例外情况：Python 的原生数组里包含 NumPy 对象的时候，这种情况下就允许不同大小元素的数组。

ndarray 有助于对大量数据进行高级数学运算和其他类型的操作。通常，这些操作的执行效率更高，比使用 Python 原生数组的代码更少。

越来越多的基于 Python 的科学和数学软件包使用 ndarray；虽然这些工具通常都支持 Python 的原生数组作为参数，但它们在处理之前还是会将输入的数组转换为 ndarray，而且也通常输出为 ndarray。

NumPy 数组的维数称为秩(rank)，秩就是轴的数量，即数组的维度，一维数组的秩为 1，二维数组的秩为 2，依此类推。

NumPy 每一个线性的数组称为一个轴(axis)，也就是维度(dimensions)。比如说，二维数组相当于是两个一维数组，其中第一个一维数组中每个元素又是一个一维数组。所以一维数组就是 NumPy 中的轴(axis)，第一个轴相当于是底层数组，第二个轴是底层数组里的数组，而轴的数量是秩，就是数组的维数。NumPy 的数组中比较重要的 ndarray 对象属性如表 5-13 所示。

**表 5-13　重要的 ndarray 对象属性**

| 属性 | 说　　明 |
|---|---|
| ndarray. ndim | 秩，即轴的数量或维度的数量 |
| ndarray. shape | 数组的维度，对于矩阵，$n$ 行 $m$ 列 |
| ndarray. size | 数组元素的总个数，相当于 .shape 中 $n * m$ 的值 |
| ndarray. dtype | ndarray 对象的元素类型 |
| ndarray. itemsize | ndarray 对象中每个元素的大小，以字节为单位 |
| ndarray. flags | ndarray 对象的内存信息 |
| ndarray. real | ndarray 元素的实部 |
| ndarray. imag | ndarray 元素的虚部 |
| ndarray. data | 包含实际数组元素的缓冲区，由于一般通过数组的索引获取元素，所以通常不需要使用这个属性 |

广播(broadcasting)描述了 NumPy 如何在算术运算期间处理具有不同形状的数组。受某些约束的影响，较小的数组在较大的数组上"广播"，以便它们具有兼容的形状。广播提供了一种矢量化数组操作的方法，以便在 C 语言而不是 Python 中进行循环。它可以在不制作数据副本的情况下实现这一点，因此运行效率很高。

NumPy 提供了一个 C-API，即 C 语言接口，使用户能够扩展系统并访问数组对象。对于一个 Python 类型，都可以通过一个 PyObject* 内部结构包含指向"方法表"的指针，该"方法表"定义对象在 Python 中的行为。在 C 代码中接收到一个 Python 对象时，可以使用一个指向 PyObject 结构的指针进行访问。

NumPy 通常不需要单独安装，在安装好 Python 环境后，NumPy 就可以使用了，如果要单独安装，可以使用命令行辅助工具 conda，安装命令为：

```
conda install numpy
```

通常情况下，NumPy、SciPy 和 Matplotlib 是一起安装的，安装命令为：

```
conda install numpy scipy matplotlib
```

### 5.6.2　数学工具 SciPy

SciPy 是一个开源的 Python 算法库和数学工具包，包含的模块有最优化、线性代数、积分、插值、特殊函数、快速傅里叶变换、信号处理和图像处理、常微分方程求解和其他科学与工程中常用的计算。SciPy 科学计算库和 Numpy 联系很密切，SciPy 是基于 Numpy 构建的一个集成了多种数学算法和函数的 Python 模块。通过给用户提供一些高层的命令和类，SciPy 在 Python 的交互式会话中，大大增加了操作和可视化数据的能力。通过 SciPy，Python 的交互式会话变成了一个数据处理环境，足以和 MATLAB、IDL、Octave、

R-Lab 以及 SciLab 抗衡。用 SciPy 写科学应用，还能获得世界各地开发者开发的模块的帮助。从并行程序到 Web 到数据库子例程到各种类，都已经提供了可用的 Python 程序。

安装好 Python 后，通常需要单独安装 SciPy，可以使用命令行辅助工具 conda 进行安装，安装命令为：

```
conda install scipy
```

安装完成后就可以使用 import scipy 引入 SciPy 并调用其函数。最简单的 SciPy 函数是显示其版本号，代码如下：

```
import scipy
print(scipy.__version__)
```

SciPy 库提供了大量可用模块，其中最常用的模块如表 5-14 所示。

表 5-14　SciPy 库常用模块

| 模块名 | 功　能 |
| --- | --- |
| scipy. cluster | 向量量化 |
| scipy. constants | 数学常量 |
| scipy. fft | 快速傅里叶变换 |
| scipy. integrate | 积分 |
| scipy. interpolate | 插值 |
| scipy. io | 数据输入输出 |
| scipy. linalg | 线性代数 |
| scipy. misc | 图像处理 |
| scipy. ndimage | $N$ 维图像 |
| scipy. odr | 正交距离回归 |
| scipy. optimize | 优化算法 |
| scipy. signal | 信号处理 |
| scipy. sparse | 稀疏矩阵 |
| scipy. spatial | 空间数据结构和算法 |
| scipy. special | 特殊数学函数 |
| scipy. stats | 统计函数 |

SciPy 数值处理功能非常强大，相关功能的详细资料请查阅 SciPy 的帮助文档，SciPy 的官网地址为：https：//scipy. org/。

## 5.6.3　绘图库 Matplotlib

Matplotlib 是 Python 的绘图库，它能让使用者很轻松地将数据图形化，并且提供多样

化的输出格式。Matplotlib 可以用来绘制各种静态、动态、交互式的图表；Matplotlib 可以
绘制线图、散点图、等高线图、条形图、柱状图、3D 图形甚至是图形动画，等等。所有
影像格式读取都可以使用 Matplotlib 库完成，例如在通过影像进行分类、目标检测、目标
识别等操作时都需要 Matplotlib 库完成影像读写，因此 Matplotlib 在遥感影像处理中是非常
重要的库之一。

在使用 Matplotlib 前，需要单独安装，可以使用命令行辅助工具 conda 进行安装，安
装命令为：

```
conda install matplotlib
```

安装完成后就可以使用 import matplotlib 引入 Matplotlib 并调用其函数。特别要提醒的
是 Matplotlib 库依赖大量的开源库，例如 jpg, tif 等影像读写库，在安装 Matplotlib 的时候
也会自动下载并安装所有依赖库，很多时候这些依赖库会出现冲突，此时安装虽然成功
了，但最终却不能正常运行，因此还需要根据出错位置提示信息找到问题，逐个排除和
解决。

Pyplot 是 Matplotlib 的子库，提供了和 MATLAB 类似的绘图 API。Pyplot 是常用的绘
图模块，能很方便地让用户绘制 2D 图表。Pyplot 包含一系列绘图函数的相关函数，每个
函数会对当前的图像进行一些修改，例如：给图像加上标记，生成新的图像，在图像中产
生新的绘图区域，等等。使用的时候，我们可以用 import 导入 Pyplot 库，并设置一个别
名 plt，代码为：

```
import matplotlib.pyplot as plt
```

用 Pyplot 绘制一条直线的代码如下所示：

```
import matplotlib.pyplot as plt
import numpy as np

xpoints = np.array([0, 6])
ypoints = np.array([0, 100])

plt.plot(xpoints, ypoints)
plt.show()
```

Matplotlib 库绘图功能非常强大，可以绘制各种非常酷炫的图，在处理成果表现方面
具有非常重要的作用，相关绘图的详细功能请查阅 Matplotlib 的帮助文档，Matplotlib 的官
网地址为：https://www.matplotlib.org.cn/。

### 5.6.4　计算机视觉库 OpenCV

OpenCV(Open Source Computer Vision Library)是一个基于开源发行的跨平台计算机视
觉库，它实现了图像处理和计算机视觉方面的很多通用算法，已成为计算机视觉领域最有
力的研究工具。OpenCV 本身是用 C++语言编写的，但是它具有 C++、Python、Java 和
MATLAB 的接口，并支持 Windows、Linux、Android 和 Mac OS，也提供对于 C#、Ch、
Ruby、GO 的支持。

安装好 Python 后，需要单独安装 opencv-python 后才可以使用 OpenCV，可以使用命令行辅助工具 conda 进行安装，安装命令为：

```
conda install opencv-python
```

安装完成后就可以使用 import cv2 引入 OpenCV 并调用其函数。最简单的 OpenCV 函数是显示其版本号，代码如下：

```
import cv2
print(cv2.__version__)
```

OpenCV 最常用的函数主要包括读入影像、显示影像、保存影像、影像空间操作、颜色空间转换以及大多数图像处理功能，如滤波、特征提取等，下面进行简单介绍。

1)读入影像函数：cv2. imread(filepath, flags)

函数参数：

filepath：要读入图片的完整路径；

flags：读入图片的标志，包括：

cv2. IMREAD_COLOR：默认参数，读入一张彩色图片，忽略 alpha 通道；

cv2. IMREAD_GRAYSCALE：读入灰度图片；

cv2. IMREAD_UNCHANGED：读入完整图片，包括 alpha 通道。

举例：

```
import cv2
img = cv2.imread('c:/1.jpg',cv2.IMREAD_GRAYSCALE)
```

2)显示影像函数：cv2. imshow(wname, img)

函数参数：

wname：显示图像窗口的名字；

img：要显示的影像对象。

举例：

```
import cv2
img = cv2.imread('c:/1.jpg',cv2.IMREAD_GRAYSCALE)
cv2.imshow('image',img)
cv2.waitKey(0) #一直显示直到关闭窗口
cv2.destroyAllWindows() #关闭窗口
```

3)保存影像函数：cv2. imwrite(filepath, img, num)

函数参数：

filepath：要保存影像的完整路径；

img：要保存的影像对象；

num：可选参数，它针对特定的格式：

对于 jpeg，其表示的是图像的质量，用 0~100 的整数表示，默认为 95；对于 png，第三个参数表示的是压缩级别，默认为 3。

举例：

```
cv2.imwrite('c:/1.png',img,3)
```

4）翻转函数：cv2. flip（img，flipcode）

函数参数：

img：要翻转的影像对象；

flipcode：翻转效果，flipcode ＝ 0 时，沿 $x$ 轴翻转；flipcode ＞ 0 时，沿 $y$ 轴翻转；

flipcode ＜ 0：$x$，$y$ 轴同时翻转。

举例：

```
img2 = cv2.flip(img,1)
```

5）缩放影像函数：resize（img，（width，height））

函数参数：

img：要缩放的影像对象；

width：结果影像宽度；

height：结果影像高度。

举例：

```
img512 = cv2.flip(img,(512,512))
```

6）在影像上进行图形绘制

在影像上画线函数：cv2. line（img，（0，0），（311，511），（255，0，0），10）

在影像上画矩形函数：cv2. rectangle（img，（30，166），（130，266），（0，255，0），3）

在影像上画圆函数：cv2. circle（img，（222，222），50，（255.111，111），−1）

在影像上画椭圆函数：ellipse（img，（333，333），（50，20），0，0，150，（255，222，222），−1）

OpenCV 提供的函数非常丰富，详细情况可查阅 OpenCV 的帮助文档，OpenCV 的官网地址为：https：//opencv.org/。

### 5.6.5　地理空间数据抽象库 GDAL

GDAL（Geospatial Data Abstraction Library）是包含栅格和矢量地理空间数据格式的抽象库，最早在 1998 年，由加拿大的 FrankWarmerdam 在 Cadcorp、SafeSoftware、SRC、i-cubed、IngresCorporation 等团体赞助下设计开发，开发成功后根据 MIT 协议的开放源代码许可证对外发布。GDAL 利用抽象数据模型来表达所支持的各种文件格式，提供了一系列命令行工具实现数据转换和处理，也为应用程序提供了所支持格式的栅格抽象数据模型和矢量抽象数据模型。很多知名的 GIS 产品都使用了 GDAL 库，例如 ArcGIS、Google Earth、GRASS GIS 等。

GDAL 作为一个专业的开源库，提供了标准的二次开发接口，包括对多种栅格数据格式的读取、写入、转换、处理等功能，同时它提供了完全公开的源代码，为用户进行二次开发和底层功能扩展提供了更高的开发平台。GDAL 支持 BMP、JPEG、GTIff、HFA、FITS、GIF、HDF4、Ehdr 等近百种栅格格式和 AVCE00、DXF、GML、ESRI Shapfile 等近十余种矢量格式。GDAL 抽象数据模型（Abstract Data Model）如图 5-9 所示。

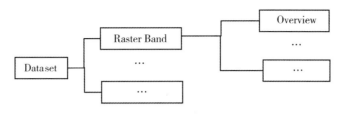

图 5-9　GDAL 抽象数据模型

GDAL 抽象数据模型包括数据集（Dataset）、坐标系统、仿射地理坐标转换（Affine GeoTransform）、大地控制点（GCPs）、元数据（Metadata）、栅格波段（Raster Band）、颜色表（ColorTable）、子数据（Subdatasets Domain）、图像结构域（Image_StructureDomain）、XML 域（XML：Domains）。GDAL 核心类库如图 5-10 所示。

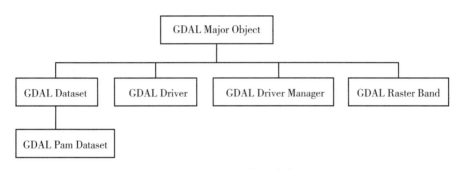

图 5-10　GDAL 核心类库

GDAL Major Object 类：带有元数据的对象。

GDAL Dataset 类：通常是从一个栅格文件中提取的相关联的栅格波段集合和这些波段的元数据；GDAL Dataset 也负责所有栅格波段的地理坐标转换（georeferencing transform）和坐标系定义。

GDAL Driver 类：文件格式驱动类，GDAL 会为每一个所支持的文件格式创建一个该类的实体来管理该文件格式。

GDAL Driver Manager 类：文件格式驱动管理类，用来管理 GDAL Driver 类。

GDAL Raster Band 类：按波段组织的栅格数据。

安装好 Python 后，需要单独安装 GDAL 后才可以使用 GDAL。GDAL 的安装与其他扩展库不一样，通常不能直接在命令行完成安装，而是先前往 GDAL 的官网下载对应的安装包，GDAL 官网：https：//www. lfd. uci. edu/~gohlke/pythonlibs/#gdal。

进入官网后会看到很多版本，如图 5-11 所示。

官网提供的 GDAL 库名称中，win32 代表 32 位操作系统，amd64 代表 64 位操作系统，cp36 代表兼容的 Python 版本 3.6，因此需要根据自己的 Python 版本下载对应文件。下载文件后，再使用命令行辅助工具 conda 进行安装，安装命令为：

GDAL: the Geospatial Data Abstraction Library is a translator library for raster geospatial data formats.
This distribution includes a complete GDAL installation. Do not use together with OSGeo4W, gdalwin32, or GISInternals.
Built with KML, HDF5, NetCDF, SpatiaLite, PostGIS, GEOS, PROJ etc.
The FileGDB plugin requires Esri's FileGDB API 1.3 or FileGDB 1.5 VS2015.
Requires VCredist SP1 on Python 2.7.
GDAL-3.4.3-pp38-pypy38_pp73-win_amd64.whl
GDAL-3.4.3-cp311-cp311-win_amd64.whl
GDAL-3.4.3-cp311-cp311-win32.whl
GDAL-3.4.3-cp310-cp310-win_amd64.whl
GDAL-3.4.3-cp310-cp310-win32.whl
GDAL-3.4.3-cp39-cp39-win_amd64.whl

图 5-11　GDAL 官网提供的版本

```
conda install gdal 下载的文件名称
```

安装完成后就可以使用 from osgeo import gdal 引入 gdal 并调用其函数。最简单的 gdal 函数是显示其版本号，代码如下：

```
from osgeo import gdal
print(gdal.__version__)
```

gdal 最常用的函数主要包括：读写影像数据、影像格式转换、地理坐标转换、遥感数据波段处理、波段辐射矫正、栅格数据插值、矢量裁剪数据以及栅格数据的几何纠正处理等。

# 第6章　深度学习框架

## 6.1　深度学习框架概述

### 6.1.1　什么是深度学习框架

深度学习框架简单来说就是一个非常大的函数库，提供了深度学习常用的数学运算、数据读写、成果可视化等功能。编程时需要引入这些函数库，例如 import troch、import tensorflow、import caffe。一个简单的比喻：一套深度学习框架就是这个品牌的一套积木，积木的各个组件就是某个模型或算法的一部分，用户可以自己设计如何使用积木去堆砌符合其数据集的积木体，而不需要从头开始做每个积木块。

深度学习框架的出现降低了入门的门槛，用户不需要从复杂的神经网络开始编代码，可以依据需要，使用已有的模型，模型的参数自己训练得到，也可以在已有模型的基础上增加自己的处理层，或者是在顶端选择自己需要的分类器和优化算法（比如常用的梯度下降法）。当然也正因为如此，没有什么框架是完美的，就像一套积木里可能没有你需要的那一种积木，所以不同的框架适用的领域不完全一致。总的来说深度学习框架提供了一系列深度学习的组件（对于通用的算法，里面会有实现），当需要使用新的算法的时候就需要用户自己去定义，然后调用深度学习框架的函数接口使用用户自定义的新算法。

大部分深度学习框架都包含以下五个核心组件：①张量（Tensor）；②基于张量的各种运算操作（Tensor Operations）；③计算图（Computation Graph）；④自动微分工具（Automatic Differentiation Tools）；⑤ BLAS、cuBLAS、cuDNN 等数学拓展包。下面对这五个核心组件做一个简要的解释。

**1. 张量**

张量是所有深度学习框架中最核心的组件，因为后续的所有运算和优化算法都是基于张量进行的。几何代数中定义的张量是基于向量和矩阵的推广，通俗一点理解的话，我们可以将标量视为零阶张量，矢量视为一阶张量，那么矩阵就是二阶张量。举例来说，我们可以将任意一张 RGB 彩色图片表示成一个三阶张量（三个维度分别是图片的高度、宽度和色彩数据）。将各种各样的数据抽象成用张量表示，然后再输入神经网络模型进行后续处理是一种非常必要且高效的策略。因为如果没有这一步骤，我们就需要根据各种不同类型的数据组织形式定义各种不同类型的数据操作，这会浪费开发者大量的精力。更关键的是，当数据处理完成后，我们还可以方便地将张量再转换回想要的格式。例如 Python NumPy 包中 numpy. imread 和 numpy. imsave 两个方法，分别用来将图片转换成张量对象

103

（即代码中的 Tensor 对象）和将张量再转换成图片保存起来。

**2. 基于张量的各种运算操作**

有了张量对象之后，接下来就是一系列针对这一对象的数学运算和处理过程。其实，整个神经网络都可以简单视为为了达到某种目的，针对输入张量进行的一系列操作过程。而所谓的"学习"就是不断纠正神经网络的实际输出结果和预期结果之间误差的过程。这里的一系列操作包含的范围很宽，可以是简单的矩阵乘法，也可以是卷积、池化和 LSTM 等稍复杂的运算。而且各框架支持的张量操作通常也不尽相同，详细情况可以查看其官方文档。需要指出的是，大部分的张量操作都是基于类实现的（而且是抽象类），而并不是函数（这一点可能要归功于大部分的深度学习框架都是用面向对象的编程语言实现的）。这种实现思路一方面允许开发者将各种类似的操作汇总在一起，方便组织管理；另一方面也保证了整个代码的复用性、扩展性和对外接口的统一，总体上让整个框架更灵活和易于扩展，为将来的发展预留了空间。

**3. 计算图**

有了张量和基于张量的各种操作之后，下一步就是将各种操作整合起来，输出我们需要的结果。但不幸的是，随着操作种类和数量的增多，管理起来就变得十分困难，各操作之间的关系变得比较难以理清，有可能引发各种意想不到的问题，包括多个操作之间应该并行还是顺次执行，如何协调各种不同的底层设备，以及如何避免各种类型的冗余操作，等等。这些问题有可能拉低整个深度学习网络的运行效率或者引入不必要的 bug，而计算图正是为解决这一问题产生的。

计算图首次被引入人工智能领域是在 2009 年的论文 *Learning Deep Architectures for AI*。作者用不同的占位符（＊，＋，sin）构成操作节点，以字母 x、a、b 构成变量节点，再以有向线段将这些节点连接起来，组成一个表征运算逻辑关系的清晰明了的"图"型数据结构，这就是最初的计算图。

后来随着技术的不断演进，加上脚本语言和低级语言各自不同的特点（概括地说，脚本语言建模方便但执行缓慢，低级语言则正好相反），因此业界逐渐形成了这样一种开发框架：前端用 Python 等脚本语言建模，后端用 C++ 等低级语言执行（这里低级是就应用层而言），以此综合两者的优点。可以看到，这种开发框架大大降低了传统框架做跨设备计算时的代码耦合度，也避免了每次后端变动都需要修改前端的维护开销。而这里，在前端和后端之间起到关键耦合作用的就是计算图。

将计算图作为前后端之间的中间表示（Intermediate Representations）可以带来良好的交互性，开发者可以将 Tensor 对象作为数据结构，函数/方法作为操作类型，将特定的操作类型应用于特定的数据结构，从而定义出类似 MATLAB 的强大建模语言。

目前，各个框架对于计算图的实现机制和侧重点各不相同。例如 Theano 和 MXNet 都是以隐式处理的方式在编译中由表达式向计算图过渡。而 Caffe 则比较直接，可以创建一个 Graph 对象，然后以类似 Graph. Operator(xxx) 的方式显示调用。

**4. 自动微分工具**

我们可以将神经网络视为由许多非线性过程组成的一个复杂的函数体，而计算图则以模块化的方式完整表征了这一函数体的内部逻辑关系，为有效求解这一巨型函数的某种解，求取模型梯度显然是对计算图从输入到输出进行的一次收敛处理的过程，这种求梯度的方法就是自动微分工具。由于每个节点处的导数只能相对于其相邻节点计算，因此自动微分一般都可以直接加入任意的操作类中，也可以被上层的微分大模块直接调用。

**5. BLAS、cuBLAS、cuDNN 等数学拓展包**

大部分框架是基于高级语言的(如 Java、Python、Lua 等)。高级语言比低级语言消耗更多的 CPU 周期，因此运算缓慢就成了高级语言的一个天然的缺陷，针对这一问题有两种解决方法。第一种方法是模拟传统的编译器。就好像传统编译器会把高级语言编译成特定平台的汇编语言实现高效运行一样，这种方法将高级语言转换为 C 语言，然后在 C 语言基础上编译、执行。第二种方法是利用脚本语言实现前端建模，用低级语言如 C++实现后端运行。由于低级语言的最优化编程难度很高，而且大部分的基础操作有公开的最优解决方案，因此另一个显著的加速手段就是利用现成的扩展包。例如 BLAS( Basic Linear Algebra Subprograms，基础线性代数子程序库)、英特尔的 MKL( Math Kernel Library，运算内核库)等，基于 GPU 运算的 cuBLAS、cuDNN 等。

## 6.1.2 如何学好深度学习框架

现如今开源生态非常完善，深度学习相关的开源框架众多，比较知名的有 Caffe、TensorFlow、PyTorch/Caffe2、Keras、MXNet、PaddlePaddle、Theano、CNTK、DeepLearning4j、MatConvNet 等。如何选择最适合的开源框架是一个问题。在选择开源框架时，要考虑很多因素，比如开源生态的完善性，自己项目的需求，自己熟悉的语言。当然，现在已经有很多开源框架之间进行互转的开源工具，如 MMDNN 等，也降低了大家迁移框架的学习成本。对于选择什么样的框架，这里给出一些建议：

(1)先安装并学会 PyTorch 和 TensorFlow，这是目前开源项目最丰富的两个框架。

(2)如果要进行移动端算法的开发，那么要学会 Caffe。

(3)如果非常熟悉 MATLAB，那么 MatConvNet 不应该错过。

(4)如果追求高效轻量，那么 DarkNet 和 MXNet 不能不熟悉。

(5)如果想写最少的代码完成任务，那么要学 Keras。

(6)如果是 Java 程序员，那么需要学习 DeepLearning4j。

要掌握好一个开源框架，通常需要做到以下几点：

(1)熟练掌握不同任务数据的准备和使用。

(2)熟练掌握模型的定义。

(3)熟练掌握训练过程和结果的可视化。

(4)熟练掌握训练方法和测试方法。

一个框架，官方都会有开放的若干案例，最常见的案例就是以 MNIST 数据接口+预训练模型的形式，供大家快速获得结果，但是这明显还不够，学习不应该停留在跑通官方的例程上，而是要解决实际的问题。

## 6.2　PyTorch

PyTorch 直接理解就是支持 Python 语言的 Torch。Torch 是纽约大学的一个机器学习开源框架，曾在学术界非常流行，包括 LeCun 等人都在使用。但是由于使用的是一种绝大部分人绝对没有听过的 Lua 语言，导致很多人被吓退。后来随着 Python 的生态越来越完善，Facebook 人工智能研究院推出了 PyTorch，对 Torch 的所有代码进行了重构，并增加了自动求导功能，后来 Caffe2 也全部并入 PyTorch，如今 PyTorch 已经成了最流行的框架之一。PyTorch 也可以看作加入了 GPU 支持的 numpy，同时也可以看成一个拥有自动求导功能的强大的深度神经网络。除了 Facebook 外，它已经被 Twitter、CMU 和 Salesforce 等机构采用，PyTorch 的特点：

（1）PyTorch 入门简单；

（2）PyTorch 相当简洁，设计追求最少的封装；

（3）PyTorch 设计符合人类思维，让用户尽可能地专注于实现自己的想法。

PyTorch 官网：https：//pytorch. org/。PyTorch 中文网：https：//pytorch. apachecn. org/。

### 6.2.1　PyTorch 环境搭建

PyTorch 可以在 Windows、Linux、MacOS 和 Android 等系统中运行，本书主要以 PyTorch 在 Windows 系统中的安装为例进行介绍。

PyTorch 对 NVIDIA 的 GPU 有很好的支持，可以利用 NVIDIA GPU 强大的计算加速能力，使运行更为高效，可以成倍提升模型训练的速度。当然在安装 GPU 模块前，需要具有一块较好的 NVIDIA 显卡，以及正确安装 NVIDIA 显卡的驱动程序。PyTorch 的 GPU 模块要求 NVIDIA 显卡的 CUDA Compute Capability 不得低于 3.5，可以到 NVIDIA 官方网站查询自己所用显卡的 CUDA Compute Capability，确认自己的显卡具有足够的计算能力（高于 3.5）后，在安装 PyTorch 前，需要先安装与自己显卡对应的 CUDA 最新驱动。访问 NVIDIA 官方网站，找到 CUDA Zone 页面，选择"Downloads"，进入如图 6-1 所示界面。

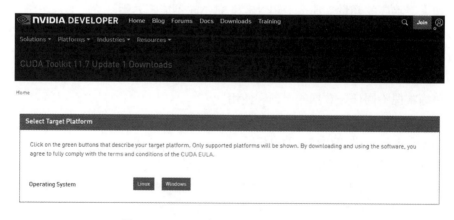

图 6-1　NVIDIA 官网下载 CUDA 驱动界面

在下载界面中选择运行的操作系统，如 Linux 或 Windows。如果选择 Linux，则系统将显示如何安装的命令行，如图 6-2 所示。

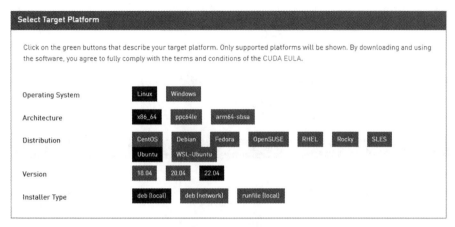

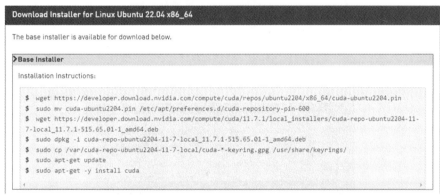

图 6-2　NVIDIA 官网下载 Linux CUDA 驱动界面

在 Linux 系统中，尽管可以输入命令行安装，但如果使用的是具有图形界面的桌面版 Linux，GPU 模块安装需要对 NVIDIA 显卡驱动程序进行一些额外的配置，否则会出现无法登录等各种错误。以 Ubuntu 为例，在安装前进行以下 4 个步骤：①禁用系统自带的显卡驱动 Nouveau，在/etc/modprobe.d/blacklist.conf 文件中添加一行 blacklist nouveau，使用 sudo update-initramfs-u 更新内核，并重启；②禁用主板的 Secure Boot 功能；③停用桌面环境，如 sudo service lightdm stop；④删除原有的 NVIDIA 驱动程序，如 sudo apt-get purge nvidia。

如果是 Windows 系统则 CUDA 的安装相对简单，在官网安装页面中根据自己 Windows 系统详细信息，选择对应的参数，如图 6-3 所示。

选择"Download"等待下载完毕，鼠标双击下载的程序运行，进入安装向导界面，按照向导提示开始安装，如图 6-4 所示。

完成了 CUDA 驱动的安装后，就可以开始安装 PyTorch。为方便安装 PyTorch，推荐先安装 conda，它集成了很多 Python 的第三方库及其依赖项，方便在编程中直接调用。

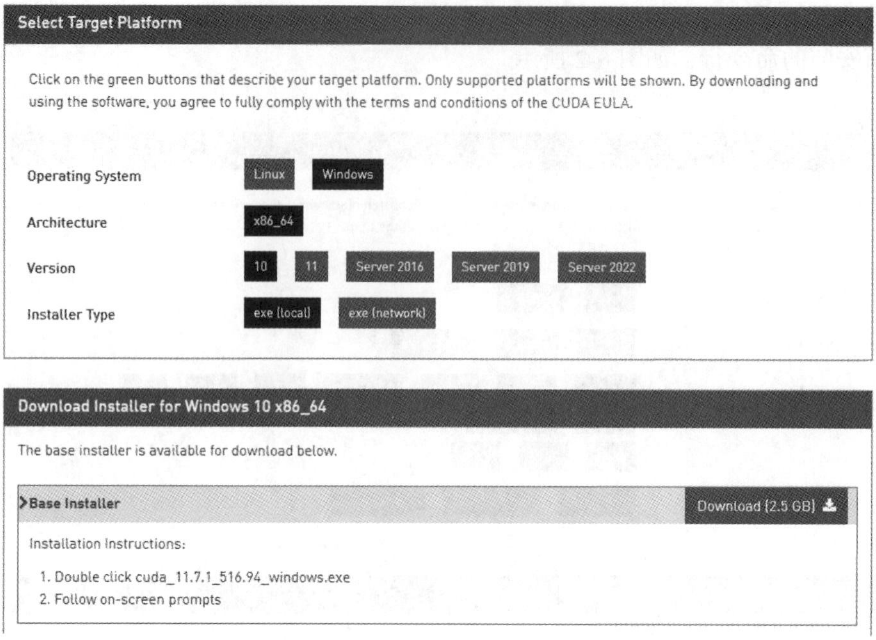

图 6-3　NVIDIA 官网下载 Windows CUDA 驱动界面

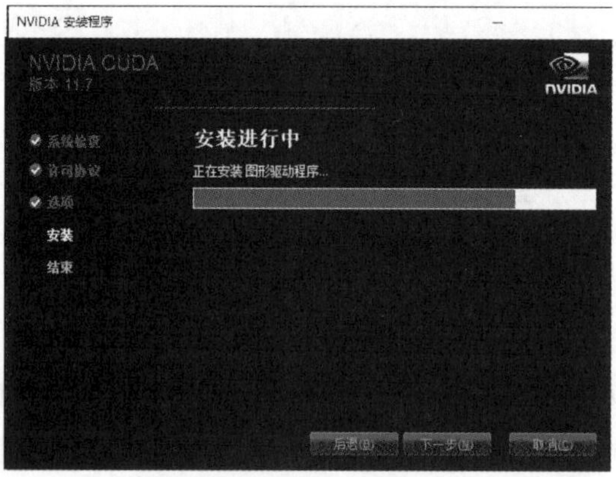

图 6-4　CUDA 驱动安装向导

　　安装好 conda 后，就可以开始安装 PyTorch，PyTorch 环境的搭建稍微复杂一点，其最大的问题不在于安装 PyTorch 基础环境，而在于安装第三方库及其依赖项。由于这些第三方库及其依赖项大多数是开源的，由一些自愿组织机构进行维护，这些库一直在更新，存在非常多的版本。这些第三方库及其依赖项只保证特定的版本是完整可用的。不同版本之间存在微小变化，我们知道，软件模块的函数调用遵循严格的接口，就算接口函数只有微小的改动，接口调用是一定不可行的。因此，这些微小的改动将带来非常多的麻烦，我们必须找到兼容的版本进行安装，或者直接改动部分源代码来完成环境搭建。

　　搭建 PyTorch 的第一步是到 PyTorch 官网找适合自己操作系统的版本，PyTorch 官网提供了各个版本的安装包和对应的使用说明文档。

使用网络浏览器，进入官网，往下浏览可见到如图 6-5 所示安装信息界面。

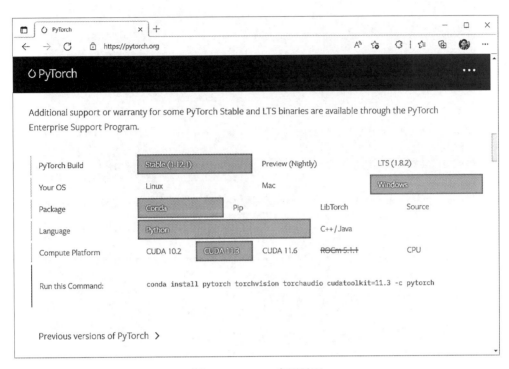

图 6-5 PyTorch 官网界面

在图 6-5 所示界面中，网页已经对用户所用系统进行了简单的信息提取，并根据用户系统的情况，列出了最新的可用软件版本，让用户选择采用什么类型的计算机平台（Compute Platform）。可选计算机平台包括：CUDA10.2、CUDA11.3、CUDA11.6、CPU等。当我们选择某个计算机平台后，在网页的"Run this Command"一栏中就出现安装命令，如果自己的计算机平台不在列出的版本中，请在页面中选择"Previous versions of PyTorch"，然后在列出的各个版本中寻找适合自己平台的版本。这里特别提醒：一定要选择与自己显卡 CUDA 驱动一致的计算机平台，否则系统无法正常工作。

例如我们选择 PyTorch 1.8 ，CUDA 10.2，则安装命令为：

```
conda install pytorch = =1.8.0 torchvision = =0.9.0 torchaudio = =
0.8.0 cudatoolkit =10.2-c pytorch
```

我们只需要启动 conda 命令行窗口，然后输入这个命令行就可以进行 PyTorch 框架的安装，安装过程如图 6-6 所示。

安装完成后进入 Python，输入

```
>>>import torch
>>>print(torch.__version__)
```

就可以检验 PyTorch 是否安装成功。如果没有报任何错，并显示出 PyTorch 的版本，则说

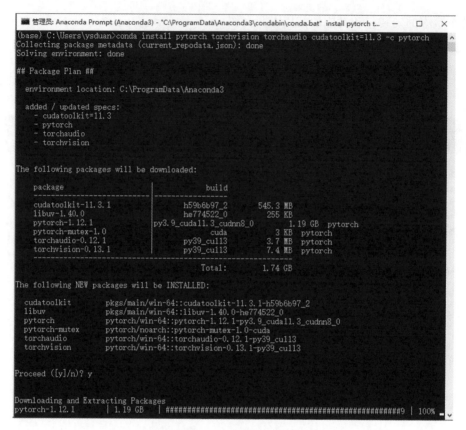

图 6-6　用 conda 安装 PyTorch 界面

明 PyTorch 已经安装成功，处理结果如图 6-7 所示。

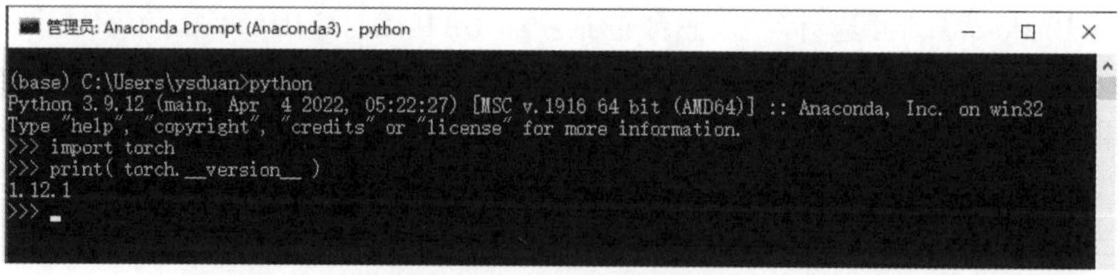

图 6-7　PyTorch 安装成功测试

为了确认 GPU 可以使用，还需要对安装的 CUDA 进行测试，继续在 Python 中输入：
`torch.cuda.is_available()`

此时如果计算机具有可用的 GPU，且 CUDA 驱动和 Python 的 cudakit 安装没有问题，则系统输出 true，然后继续输入：

`torch.cuda.current_device()`

系统将输出计算机 GPU 序号，通常为 0，如图 6-8 所示。

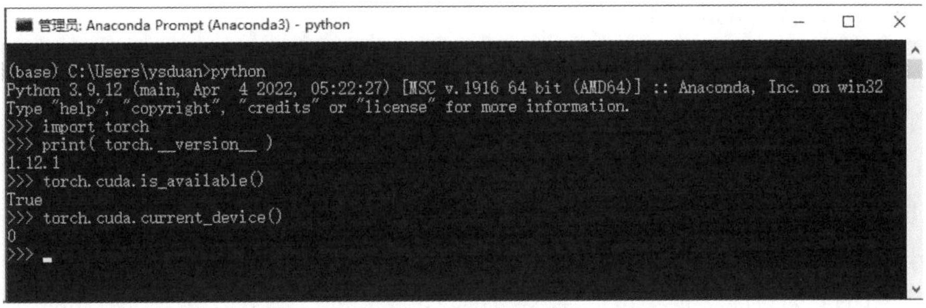

图 6-8　测试 PyTorch 支持 GPU 输出的信息

如果 GPU 不可用或驱动安装不正确，则会提示各种出错信息，如图 6-9 所示。

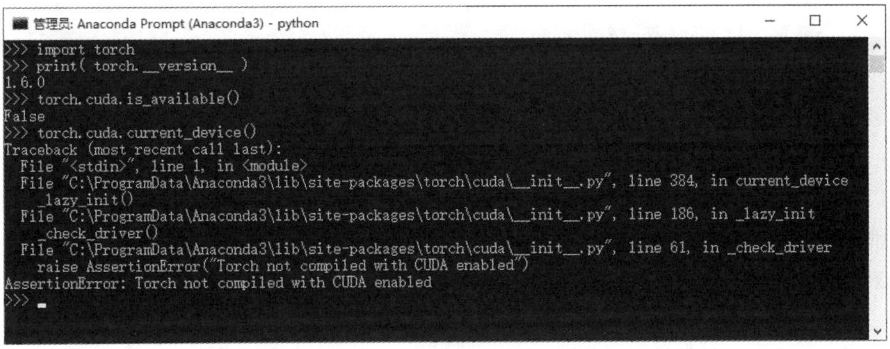

图 6-9　测试 PyTorch 不支持 GPU 输出的信息

## 6.2.2　PyTorch 简单测试

为了测试 PyTorch 框架，可以编写简单的 Python 程序进行测试，例如编写程序实现 2×3 的两个矩阵进行相加的操作，过程及结果如图 6-10 所示。

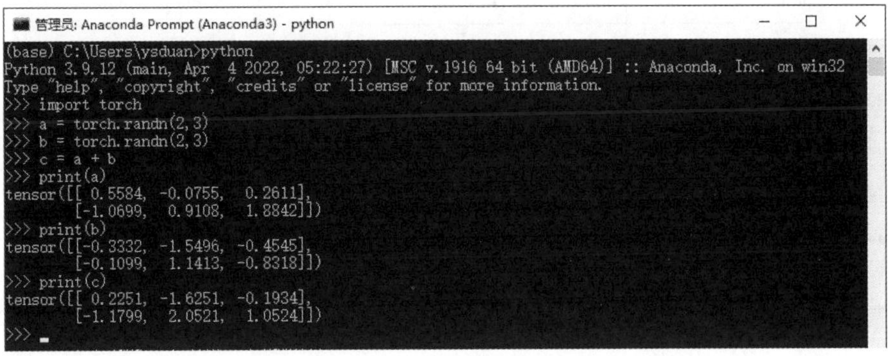

图 6-10　PyTorch 简单程序测试

### 6.2.3　PyTorch 的组成与使用

前面讲过，PyTorch 就是支持 Python 语言的 Torch，其核心是 torch 包，提供了大量的数学处理类和函数。PyTorch 的组成非常丰富，下面选择几个最常用的类进行介绍。

**1. torch 包**

torch 包是 PyTorch 的核心，其包含了多维张量的数据结构以及基于其上的多种数学操作。另外，它也提供了多种工具，其中一些可以更有效地对张量和任意类型进行序列化。torch 提供 CUDA 的对应实现，可以在 NVIDIA GPU 上进行张量运算。使用 torch 包前，必须用 import 语句引入，常用语句：

```
import torch
import torch as tc
```

torch 包提供了所有 PyTorch 可用类，而且还一直在扩充。下面就一些常用的类进行介绍。

**2. 张量 torch. Tensor**

PyTorch 的基本数据结构是张量（Tensor），Tensor 在形式上是一种高维数组，是向量和矩阵向三维或更高维度空间的自然拓展。一个张量可以被视为是 $N$ 个矩阵或向量的堆叠。在 PyTorch 框架下，一切数据皆为张量，我们常用的普通类型数据如一个整数、一个浮点等都是张量，只不过其阶数为 0 而已。矢量的阶数是 1，可以有不同分量，例如二维矢量包含 2 个数，三维矢量包含 3 个数。矩阵的阶数是 2，包含 2 个维度，灰度图像就是个矩阵。视频的阶数是 3，是由矩阵扩展的第三个维度，由很多图像堆叠而成。

PyTorch 通过类 tensor 提供对张量的支持，tensor 的基类是 Variable（即广义上的变量，一切可变的数据）。tensor 定义了 6 种 CPU tensor 类型和 7 种 GPU tensor 类型，具体如表 6-1 所示。

**表 6-1　torch. Tensor 的数据类型**

| Data type | CPU tensor | GPU tensor |
|---|---|---|
| 32-bit floating point | torch. FloatTensor | torch. cuda. FloatTensor |
| 64-bit floating point | torch. DoubleTensor | torch. cuda. DoubleTensor |
| 16-bit floating point | N/A | torch. cuda. HalfTensor |
| 8-bit integer（unsigned） | torch. ByteTensor | torch. cuda. ByteTensor |
| 8-bit integer（signed） | torch. CharTensor | torch. cuda. CharTensor |
| 16-bit integer（signed） | torch. ShortTensor | torch. cuda. ShortTensor |
| 32-bit integer（signed） | torch. IntTensor | torch. cuda. IntTensor |

torch. Tensor 是默认类型（torch. FloatTensor）的简称。一个张量 tensor 可以从 Python 的 list 或序列构建，如：

```
torch.FloatTensor([[1,2,3],[4,5,6]])
```

也可以通过规定其大小来构建，如：

```
torch.IntTensor(2,4).zero_()
```

每一个张量 tensor 都有一个相应的 torch.Storage 用来保存其数据，也就是内存中保持具体数据的连续的一维数组。可以通过访问 torch.Storage 数组的内容对张量的数值进行修改。当然这种方式通常是不推荐的，因为直接修改数值破坏了张量 tensor 本身的含义。不过也存在一些操作未改变张量 tensor 的本质，例如将 int 类型张量修改为 float 类型这样的操作，这些操作使用简单高效，非常方便。

类 tensor 已经实现了常用的数值运算，提供了大量函数。这些函数如果用一个下画线后缀结尾表示对象内的自运算，也就是其处理结果是修改对象本身的值，否则不修改对象本身的值，而是返回处理结果。例如：函数 torch.FloatTensor.abs_() 是修改对象本身进行绝对值处理，修改了对象本身的值，而 tensor.FloatTensor.abs() 则是产生一个新的 tensor，需要接收函数返回值得到处理结果。

类 tensor 提供的函数太多，下面就最常用的函数做一些介绍。

（1）torch.zero_() 函数

作用：用 0 填充该 tensor。

（2）torch.ones(size, out=None) 函数

作用：返回一个全为 1 的张量，形状由可变参数 sizes 定义。

参数：

sizes（int...）：整数序列，定义了输出形状。

out（Tensor, optional）：结果张量。

举例：

```
>>> torch.ones(4)
tensor([ 1., 1., 1., 1.])
```

（3）torch.eye(n, m=None, out=None) 函数

作用：返回一个 2 维张量，对角线位置全为 1，其他位置全为 0。

参数：

n（int）：行数。

m（int, optional）：列数，如果为 None，则默认为 n。

out（Tensor, optional）：Output tensor。

返回值：对角线位置全为 1，其他位置全为 0 的 2 维张量。

举例：

```
>>>torch.eye(3)
tensor([[1.,0.,0.],
        [0.,1.,0.],
        [0.,0.,1.]])
```

（4）torch.randn(size, out=None) 函数

作用：返回一个张量，包含了从标准正态分布（均值为 0，方差为 1，即高斯白噪声）

中抽取一组随机数，形状由可变参数 sizes 定义。

参数：

sizes（int...）：整数序列，定义了输出形状。

out（Tensor, optional）：结果张量。

举例：

```
>>> torch.randn(4)
tensor([1.3911,1.2120,0.4937,0.2041])
```

（5）torch. from_numpy（numpy. ndarray）函数

作用：与 numpy 数据进行转换的桥，将 numpy. ndarray 转换为 pytorch 的 Tensor。返回的张量 tensor 和 numpy 的 ndarray 共享同一内存空间。修改一个会导致另外一个也被修改，返回的张量不能改变大小。

举例：

```
>>> a = numpy.array([1, 2, 3])
>>>b = torch.from_numpy(a)
>>> b
tensor([ 1,  2,  3])
```

（6）expand（∗sizes）函数

作用：返回 tensor 的一个新视图，单个维度扩大为更大的尺寸。tensor 也可以扩大为更高维，新增加的维度将放在前面。扩大 tensor 不需要分配新内存，只是仅仅新建一个 tensor 的视图，其中通过将 stride 设为 0，一维将会扩展为更高维。任何一个一维的 tensor 数据在不重新分配内存的情况下可扩展为任意维度、任意尺寸的 tensor 数据。

参数：

sizes(torch. Size or int...)：需要扩展的大小。

（7）resize_（∗sizes）函数

作用：将 tensor 的大小调整为指定的大小。如果新 tensor 数据的元素个数比原先元素的个数多，就将原先数据的存储扩展为新元素个数。如果新 tensor 数据的元素个数比原先少，则存储空间不变。总之，resize() 函数会保留原先元素的内容，并且新扩展的元素不会被初始化。

参数：

∗sizes（torch. Size or int...）：需要调整的大小。

（8）torch. cpu（）函数

作用：如果在 CPU 上没有该 tensor，则会返回一个 CPU 的副本。

（9）cuda（device＝None, async＝False）函数

返回此对象在 GPU 内存中的一个副本，如果对象已经存在于 CUDA 中并且在正确的设备上，则不会进行复制并返回原始对象。

参数：

device(int)：目的 GPU 的 id，默认为当前的设备。

async(bool)：如果为 true 并且资源在固定内存中，则复制的副本将会与原始数据异

步。否则，该参数没有意义。

### 3. 神经网络 torch. nn

torch. nn 是 PyTorch 的一个函数库，里面包含了神经网络中使用的一些常用函数，如具有可学习参数的 nn. Conv2d( )、nn. Linear( ) 和不具有可学习参数的 ReLU、pool、DropOut 等，在构建自己的神经网络的时候，可以在构造函数中使用这些函数。

使用 torch. nn 前，须用 import 语句引入，常用语句：

```
import torch.nn as nn
import torch.nn.functional as F
```

torch. nn 的内容非常丰富，这里仅介绍最常用的几个模块（也就是类）：class torch. nn. Parameter, class torch. nn. Module, class torch. nn. function 等。

1）class torch. nn. Parameter(Tensor data, bool requires_grad)

类 torch. nn. Parameter 继承 torch. Tensor，其作用是将一个不可训练的类型为 Tensor 的参数转化为可训练的类型为 Parameter 的参数，并将这个参数绑定到 module 里面，成为 module 中可训练的参数。其中，data 为传入 Tensor 类型参数，requires_grad 的默认值为 True，表示可训练，False 表示不可训练。torch. nn. Parameter 有非常重要的意义，可实现一切数据的处理，对任意数据，都可以通过 torch. nn. Parameter 让其转为符合 nn 模型的数据。

2）class torch. nn. Module

torch. nn. Module 是所有神经网络模块的基类，设计自己的神经网络时，可直接从 torch. nn. Module 继承这个类，例如定义自己的类 MyModel，并继承 nn. Module 类，代码如下：

```
import torch.nn as nn
import torch.nn.functional as F


class MyModel(nn.Module):
    def __init__(self):
        super(Model, self).__init__()
        self.conv1 = nn.Conv2d(1, 20, 5)# submodule: Conv2d
        self.conv2 = nn.Conv2d(20, 20, 5)


    def forward(self, x):
        x = F.relu(self.conv1(x))
        return F.relu(self.conv2(x))
```

torch. nn. Module 类提供了大量可以直接使用的函数，同时也支持对已有函数进行重载，下面介绍几个最常用的函数。

（1）卷积函数

torch. nn. Conv1d( in_channels, out_channels, kernel_size, stride=1, padding=0, dilation=1, groups=1, bias=True)

115

torch. nn. Conv2d( in_channels, out_channels, kernel_size, stride = 1, padding = 0, dilation = 1, groups = 1, bias = True)

torch. nn. Conv3d( in_channels, out_channels, kernel_size, stride = 1, padding = 0, dilation = 1, groups = 1, bias = True)

其中，1d、2d、3d 分别表示一维、二维、三维。

设输入尺度是( N, C_in, L), 输出尺度是( N, C_out, L_out), 则其计算公式为：

$$out( N * i,\ C * out * j) = bias( C * out * j) + \sum_{*k=0}^{C*in-1} weight( C * out_j,\ k) \otimes input( N_i,\ k)$$

函数参数：

in_channels( int)：输入信号的通道；

out_channels( int)：卷积产生的通道；

kerner_size( int or tuple)：卷积核的尺寸；

stride( int or tuple, optional)：卷积步长；

padding( int or tuple, optional)：输入的每一条边补充 0 的层数；

dilation( int or tuple, optional)：卷积核元素之间的间距；

groups( int, optional)：从输入通道到输出通道的阻塞连接数；

bias( bool, optional)：如果 bias = True，添加偏置。

举例( 一维卷积)：

```
m = nn.Conv1d(16,33,3,stride=2)
input = autograd.Variable(torch.randn(20,16,50))
output = m(input)
```

举例( 二维卷积)：

```
# With square kernels and equal stride
m = nn.Conv2d(16,33,3,stride=2)
# non-square kernels and unequal stride and with padding
m = nn.Conv2d(16,33,(3,5),stride=(2,1),padding=(4,2))
# non-square kernels and unequal stride and with padding and dilation
m = nn.Conv2d(16,33,(3,5),stride=(2,1),padding=(4,2),dilation=(3,1))
input = autograd.Variable(torch.randn(20,16,50,100))
output = m(input)
```

（2）最大池化函数

torch. nn. MaxPool1d( kernel_size, stride = None, padding = 0, dilation = 1, return_indices = False, ceil_mode = False)

torch. nn. MaxPool2d( kernel_size, stride = None, padding = 0, dilation = 1, return_indices = False, ceil_mode = False) torch. nn. MaxPool3d( kernel_size, stride = None, padding = 0, dilation = 1, return_indices = False, ceil_ mode = False)

其中，1d、2d、3d 分别表示一维、二维、三维。

假设输入多维变量表示为 N，C，L，输出多维结果表示为 N,C,L_out，则对 L 的任意分量 k，最大池化函数内部计算公式为：

$$out(N_i, C_j, k) = \max_{m=0}^{kernel\_size-1} input(N_i, C_j, stride * k+m)$$

函数参数：

kernel_size:池化窗口的大小。

stride:池化窗口移动的步长,默认值 kernel_size。

ceil_ mode:值为 True 时,将使用向下取整代替向上取整。

举例：

```
m = nn.MaxPool1d(3, stride=2)
input = autograd.Variable(torch.randn(20, 16, 50))
output = m(input)
```

（3）平均池化函数

torch. nn. AvgPool1d( kernel_size, stride = None, padding = 0, ceil_ mode = False, count_ include_ pad = True)

torch. nn. AvgPool2d( kernel_size, stride = None, padding = 0, ceil_ mode = False, count_ include_ pad = True)

torch. nn. AvgPool3d( kernel_size, stride = None, padding = 0, ceil_ mode = False, count_ include_ pad = True)

其中，1d、2d、3d 分别表示一维、二维、三维。

一维平均计算公式为：

$$out(N_i, C_j, 1) = 1/k * \sum_{m=0}^{k} input(N_i, C_j, stride * 1+m)$$

二维平均计算公式为：

$$out(N_i, C_j, h, w) = 1/(kH * kW) * \sum_{m=0}^{kH-1} \sum_{m=0}^{kW-1} input(N_i, C_j, stride[0] * h+m, stride[1] * w+n)$$

函数参数：

kernel_size( int or tuple):池化窗口大小。

stride( int or tuple, optional):pooling 的窗口移动的步长。默认值是 kernel_size。

padding( int or tuple, optional)：输入的每一条边补充 0 的层数。

dilation( int or tuple, optional)：一个控制窗口中元素步幅的参数。

return_indices：如果等于 True，会返回输出最大值的序号，对于上采样操作会有帮助。

ceil_ mode：如果等于 True，计算输出信号大小的时候，会使用向上取整，代替默认的向下取整的操作。

（4）ReLU 处理函数

torch. nn. ReLU（inplace＝False）

对每个输入元运用修正线性单元函数进行处理。

（5）Sigmoid 处理函数

torch. nn. Sigmoid（ ）

对每个输入元进行 Sigmoid 处理。

（6）Softmin 处理函数

torch. nn. Softmin（ ）

对 $n$ 维输入张量运用 Softmin 函数，将每个元素缩放到（0，1）区间且和为 1。

3）class torch. nn. function

torch. nn. function 封装了神经网络的各层操作函数，其实 torch. nn 也提供了类似函数，只是使用方法略有差异，torch. nn. function 更加简洁和专业。这里选择几个常用的函数进行介绍。

（1）卷积函数

torch. nn. functional. conv1d（input，weight，bias＝None，stride＝1，padding＝0，dilation＝1，groups＝1）

torch. nn. functional. conv2d（input，weight，bias＝None，stride＝1，padding＝0，dilation＝1，groups＝1）

torch. nn. functional. conv3d（input，weight，bias＝None，stride＝1，padding＝0，dilation＝1，groups＝1）

其中，1d、2d、3d 分别表示一维、二维、三维。

函数参数：

input：输入张量的形状（minibatch×in_channels×iW）。

weight：过滤器的形状（out_channels，in_channels，kW）。

bias：可选偏置的形状（out_channels）。

stride：卷积核的步长，默认为 1。

padding：输入隐含填充，可以是单个数字或元组，默认为 0。

groups：将输入分成组，in_channels 应该被组数除尽。

举例：

```
#With square kernels and equal stride
filters = autograd.Variable(torch.randn(8,4,3,3))
inputs = autograd.Variable(torch.randn(1,4,5,5))
F.conv2d(inputs, filters, padding=1)
```

（2）转置卷积（去卷积）

torch. nn. functional. conv_transpose1d（input，weight，bias＝None，stride＝1，padding＝0，output_ padding＝0，groups＝1）

torch. nn. functional. conv_transpose2d（input，weight，bias＝None，stride＝1，padding＝0，output_ padding＝0，groups＝1） torch. nn. functional. conv_transpose3d( input，weight，bias = None，stride = 1，padding = 0，output_ padding = 0，groups = 1）

其中，1d、2d、3d分别表示一维、二维、三维。

函数参数：

input：输入张量的形状（minibatch×in_channels×iT×iH×iW）。

weight：过滤器的形状（in_channels×out_channels×kH×kW）。

bias：可选偏置的形状（out_channels）。

stride：卷积核的步长，可以是单个数字或一个元组，默认为1。

padding：输入隐含零填充，可以是单个数字或元组，默认为0。

（3）平均池化函数

torch. nn. functional. avg_ pool1d( input，kernel_size，stride = None，padding = 0，ceil_ mode = False，count_include_ pad = True）

torch. nn. functional. avg_ pool2d( input，kernel_size，stride = None，padding = 0，ceil_ mode = False，count_include_ pad = True）

torch. nn. functional. avg_ pool3d( input，kernel_size，stride = None，padding = 0，ceil_ mode = False，count_include_ pad = True）

其中，1d、2d、3d分别表示一维、二维、三维。

函数参数：

input：输入的张量（minibatch×in_channels×iH×iW）。

kernel_size：池化区域的大小，可以是单个数字或元组（kH×kW）。

stride：池化操作的步长，可以是单个数字或元组（sH×sW）。默认等于核的大小。

padding：输入隐式填充，可以是单个数字或元组（padH×padW），默认为0。

ceil_mode：定义空间输出形状的操作。

count_include_pad：除以原始非填充图像内的元素数量或元组(kH×kW)。

（4）最大池化函数

torch. nn. functional. max_ pool1d( input，kernel_size，stride = None，padding = 0，dilation = 1，ceil_ mode = False，return_indices = False）

torch. nn. functional. max_ pool2d( input，kernel_size，stride = None，padding = 0，dilation = 1，ceil_ mode = False，return_indices = False）

torch. nn. functional. max_ pool3d( input，kernel_size，stride = None，padding = 0，dilation = 1，ceil_ mode = False，return_indices = False）

其中，1d、2d、3d分别表示一维、二维、三维。

函数参数：

input：输入的张量（minibatch×in_channels×iH×iW）。

kernel_size：池化区域的大小，可以是单个数字或元组（kH×kW）。

stride：池化操作的步长，可以是单个数字或元组（sH×sW），默认等于核的大小。

padding：输入隐式填充，可以是单个数字或元组（padH×padW），默认为0。

ceil_mode：定义空间输出形状的操作。

return_indices：是否返回池化的指数。

（5）损失函数

torch. nn. functional. nll_loss( input，target，weight = None，size_average = True)

函数参数：

input：输入的数据，例如：类别为 C 的数组 N，也即（N，C）。

target：结果数据，例如：用 N 表示结果数组，则结果数据必定属于某个类别，也即：$0 < = N[i] < = C-1$。

weight（Variable，optional）：一个可手动指定每个类别的权重。如果给定的话，必须是大小为 nclasses 的 Variable。

size_average（bool，optional）：默认情况下是 mini-batchloss 的平均值，如果 size_average = False，则是 mini-batchloss 的总和。

此外，常用函数还有：

torch. nn. functional. threshold( input，threshold，value，inplace = False)

torch. nn. functional. relu( input，inplace = False)

torch. nn. functional. relu6( input，inplace = False)

torch. nn. functional. elu( input，alpha = 1. 0，inplace = False)

torch. nn. functional. softsign( input)

torch. nn. functional. softplus( input，beta = 1，threshold = 20)

torch. nn. functional. softmin( input)

torch. nn. functional. softmax( input)

torch. nn. functional. sigmoid( input)

torch. nn. functional. batch_norm( input，running_mean，running_var，weight = None，bias = None，training = False，momentum = 0. 1，eps = 1e-05)

torch. nn. functional. linear( input，weight，bias = None)

torch. nn. functional. dropout( input，p = 0. 5，training = False，inplace = False)

torch. nn. functional. pairwise_distance( x1，x2，p = 2，eps = 1e-06)

### 4. 自动求导 torch. autograd

torch. autograd 提供了类和函数用来对任意标量函数进行求导（微分）。要想使用自动求导，需要对代码进行更改，将所有的 tensor 包含进 Variable 对象中，必要的话可重载 backward 和 forward。

autograd 是专门为了 BP 算法设计的，只对输出值为标量的有用，因为损失函数的输出是一个标量，如果输出是向量，那么 backward( ) 函数会失效。autograd 的处理机理如下：

autograd 非常依赖 autograd. Variable 和 autograd. Function，它们彼此相关，不能分开。autograd. Variable 是 tensor 的外包装，其结构如图 6-11 所示。autograd. Variable 类型变量的 data 属性存储着 tensor 数据，grad 属性存储关于该变量的导数，creator 是代表该变量的创造者。

为了理解 autograd，需要了解其处理过程，如图 6-12 所示。

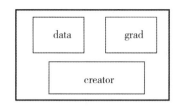

图 6-11   autograd. Variable 的结构组成

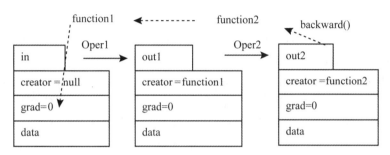

图 6-12   autograd 自动求导处理过程

在图 6-12 中，先有一个输入变量 in，其开始创造者 creator 为 null 值，in 经过第一个数据操作 oper1(比如加减乘除运算)得到 out1 变量(数据类型仍为 Variable)，在这个过程中会自动生成一个 function1 的变量(数据类型为 Function 的一个实例)，而 out1 的创造者就是这个 function1。随后，out1 再经过一个数据操作生成 out2，这个过程也会生成另外一个实例 function2，out2 的创造者 creator 为 function2，以此类推一直到结束。在这个向前传播的过程中，function1 和 function2 记录了数据 in 的所有操作历史，当最后一个 outX 运行其 backward 函数时，会使得所有 functionX 自动反向计算 in 的导数值并存储在 grad 属性中。其中当 creator 为 null 时，反向计算结束，返回结果就是其导数。以上这个过程其实就是计算图，像 in 这种 creator 为 null 的图元被称为图的叶子。可见 torch. autograd 有三个最重要的内容，分别是反向处理函数、Variable 和 Function。

1)反向传播的函数定义

反向传播的函数定义为：

torch. autograd. backward( variables, grad_variables, retain_variables=False)

函数参数说明：

variables ( variable 列表)：被求微分的叶子节点。

grad_variables ( tensor 列表)：对应 variable 的梯度，仅当 variable 不是标量且需要求梯度的时候使用。

retain_variables ( bool)：如果为 True，计算梯度时所需要的 buffer 在计算完梯度后不会被释放，对一个子图多次求微分的话，需要将其设置为 True。

2)类 torch. autograd. Variable

torch. autograd. Variable 类包装一个 Tensor，并记录用在它身上的 operations。Variable 是 Tensor 对象的一个 thin wrapper，它同时保存着 Variable 的梯度和创建这个 Variable 的

Function 的引用。这个引用可以用来追溯创建这个 Variable 的整条链。如果 Variable 是被用户所创建的，那么它的 creator 是 None。

torch. autograd. Variable 类属性成员：

data：包含的 Tensor。

grad：保存着 Variable 的梯度。这个属性是预分配的，且不能被重新分配。

requires_grad：布尔值，指示这个 Variable 是否是被一个包含 Variable 的子图创建。

volatile：布尔值，指示这个 Variable 是否被用于推断模式（即不保存历史信息）。更多细节请查阅 Excluding subgraphs from backward 相关资料。

creator：创建这个 Variable 的 Function，对于 leaf variable，这个属性为 None。

3）class torch. autograd. Function

class torch. autograd. Function 记录 operation 的历史，定义微分公式。每个执行在 Variables 上的 operation 都会创建一个 Function 对象，这个 Function 对象执行计算工作，同时记录下来。这个历史以有向无环图的形式保存下来，有向图的节点为 Functions，有向图的边代表数据依赖关系。之后，当 backward 被调用的时候，计算图以拓扑顺序处理，通过调用每个 Function 对象的 backward()，同时将返回的梯度传递给下一个 Function。通常情况下，用户能和 Functions 交互的唯一方法就是创建 Function 的子类，定义新的 operation。

（1）torch. autograd. Function 的属性

saved_tensors：调用 forward() 时需要被保存的 Tensors 的 tuple。

needs_input_grad：长度为输入数量的布尔值组成的 tuple。指示给定的 input 是否需要梯度，主要被用来优化用于 backward 过程中的 buffer，忽略 backward 中的梯度计算。

num_inputs：forward 的输入参数数量。

num_outputs：forward 返回的 Tensor 数量。

requires_grad：布尔值，指示 backward 以后会不会被调用。

previous_functions：长度为 num_inputs 的 tuple of（int，Function）pairs。tuple 中的每单元保存着创建 input 的 Function 的引用和索引。

（2）torch. autograd. Function 的方法

backward(＊grad_output)：定义了 operation 的微分公式，所有的 Function 子类都应该重载这个方法。所有的参数都是 Tensor。它必须接收与 forward 的输出参数相同个数的参数，而且需要返回与 forward 的输入参数相同个数的 Tensor。即 backward 的输入参数是此 operation 输出值的梯度，backward 的返回值是此 operation 输入值的梯度。

forward(＊input)：具体执行 operation 的函数，所有的 Function 子类都需要重载这个方法，可以接收和返回任意个数的 Tensor。

mark_dirty(＊args)［source］：将输入的 tensors 标记为被 in-place operation 修改过。这个方法应当至多调用一次，仅仅用在 forward 方法里，而且 mark_dirty 的实参只能是 forward 的实参。每个在 forward 方法中被 in-place operations 修改过的 tensor 都应该用 mark dirty 函数进行标记，确保系统可以检查到。

mark_non_differentiable(＊args)：将输出标记为不可微。这个方法至多只能被调用一次，只能在 forward 中调用，而且实参只能是 forward 的返回值。这个方法会将输出标记成不可微，会增加 backward 过程中的效率。在 backward 中，依旧需要接收 forward 输出值的梯度，但是这些梯度一直是 None。

mark_shared_storage( * pairs)：将给定的 tensors pairs 标记为共享存储空间。这个方法至多只能被调用一次，只能在 forward 中调用，而且所有的实参必须是(input, output)对。如果一些 inputs 和 outputs 是共享存储空间的，所有这样的(input, output)对都应该用 mark_shared_storage 函数进行处理，保证 in-place operations 检查的正确性。唯一的特例就是，当 output 和 input 是同一个 tensor，在这种情况下，没有必要判定依赖关系。

save_for_backward( * tensors)：将数据 tensor 保存起来给 backward 函数使用，这个方法至多只能被调用一次，只能在 forward 中调用。之后，被保存的 tensors 可以通过 saved_tensors 属性获取。在返回这些 tensors 之前，PyTorch 做了一些检查，保证这些 tensor 没有被 in-place operations 修改过。

### 5. 优化处理 torch. optim

torch. optim 是一个实现了各种优化算法的库，支持大部分常用方法，接口具备足够的通用性，能够集成各种复杂的方法。为了使用 torch. optim，需要构建一个 optimizer 对象，这个对象能够保持当前参数状态并基于计算得到的梯度进行参数更新。

为了构建 optimizer，需要给它一个包含了需要优化参数(必须都是 Variable 对象)的 iterable。然后，可以设置 optimizer 的参数选项，比如学习率、权重衰减等。例如：

```
optimizer = optim.SGD(model.parameters(), lr = 0.01, momentum =
0.9)
optimizer = optim.Adam([var1, var2], lr = 0.0001)
```

Optimizer 也支持为每个参数单独设置选项。若想这么做，不要直接传入 Variable 的 iterable，而是传入 dict 的 iterable。每一个 dict 都分别定义一组参数，并且包含一个 param 键，这个键对应参数的列表。例如，想指定每一层的学习率时，通常这样设定：

```
optim.SGD([
          {'params': model.base.parameters()},
          {'params': model.classifier.parameters(),'lr': 1e-3}
          ], lr =1e-2, momentum =0.9)
```

这意味着 model. base 的参数将会使用 1e-2 的学习率，model. classifier 的参数将会使用 1e-3 的学习率，并且 0.9 的 momentum 将会被用于所有的参数。

所有的 optimizer 都实现了单次优化方法 step( )，这个方法会更新所有参数。能按 optimizer. step( ) 和 optimizer. step(closure) 两种方式来使用。

### 6. GPU 处理 torch. cuda

torch. cuda 是 PyTorch 支持 NVIDIA GPU 的实现包。通过 NVIDIA 提供的 CUDA 开发库，封装了所有对 GPU 操作的接口，采用并行处理大幅提升处理效率。其最核心的部分是提供 CUDA 张量类型，并使其与 CPU 张量有完全相同的功能。torch. cuda 采用延迟初始化，可以随时导入它，使用 is_available( ) 来判定系统是否支持 CUDA。torch. cuda 常用函数如下：

1）torch. cuda. current_device( )

作用：返回当前所选设备的索引。

2）torch. cuda. device(idx)

作用：更改所选设备的上下文管理器。

参数：

idx(int)：设备索引，非负有效。

3）torch. cuda. current_blas_handle( )

作用：返回指向当前 cuBLAS 的句柄。

4）torch. cuda. device_count( )

作用：返回可用的 GPU 数量。

5）torch. cuda. is_available( )

作用：返回 bool 值，指示当前 CUDA 是否可用。

6）torch. cuda. set_device(device)

作用：设置当前设备。不鼓励使用此功能函数。在大多数情况下，最好使用 CUDA_VISIBLE_DEVICES 环境变量。

参数：

device(int)：选择的设备，非负有效。

7）torch. cuda. comm. broadcast(tensor, devices)

作用：向一些 GPU 广播张量。

参数：

tensor（Tensor）：广播的张量。

devices（iterable）：可以广播的设备的迭代，它的设备形式为(src, dst1, dst2, ...)，其第一个元素是广播来源的设备。

其他 torch. cuda 提供的函数请参考 PyTorch 的开发文档。

**7. 图像处理 TorchVision**

TorchVision 是 PyTorch 的一个图像处理包，服务于 PyTorch 深度学习框架，主要用来构建图像处理模型，包含一些常用的数据集、模型、转换函数等。TorchVision 包含 torchvision. datasets、torchvision. models、torchvision. transforms、torchvision. utils 四部分。

1）torchvision. datasets

torchvision. datasets 是一些加载数据的函数及常用的数据集接口，主要用于进行数据下载(或加载)。包里面封装了常用数据集的下载地址、数据格式和数据内容的解析。具体数据集包括：MNISTCOCO、Captions、Detection、LSUN、ImageFolder、Imagenet-12、CIFAR、STL10、SVHN 和 PhotoTour 等。使用 TorchVision 下载（或载入）数据集非常简单，例如，下载 MNIST 数据集的接口定义为：

```
torchvision.datasets.MNIST(root, train=True, transform=None,
            target_transform=None, download=False)
```

函数参数：

root：数据的本地路径目录。

train：使用训练集还是测试集。True：使用训练集；False：使用测试集。

transform：给输入图像施加变换。

target_ transform：给目标值(类别标签)施加变换。

download：是否下载 MNIST 数据集。

下载 MNIST 数据到 d：/mnistdat 目录的代码实例为：

```
import torchvision.datasets as ds
mnist = ds.MNIST(root='d:/mnistdat', train=True,
       transform=torchvision.transforms.ToTensor(),
       download=True)
```

2)torchvision. models

torchvision. models 中包装了已经训练好的模型，可以直接加载继续训练或使用，具体网络模型包括：AlexNet、VGG、ResNet、SqueezeNet、DenseNet 等。使用包装好的模型非常简单，例如，ResNet 模型接口定义为：

```
torchvision.models.resnet18(pretrained=True)
```

函数参数：

pretrained：是否加载别人预训练好的模型。

创建一个权重随机初始化的模型实例代码为：

```
import torchvision.models as models
resnet18 = models.resnet18()  # ResNet 模型
alexnet = models.alexnet()  # AlexNet 模型
squeezenet = models.squeezenet1_0()  # SqueezeNet 模型
densenet = models.densenet_161()  #DenseNet 模型
```

3)torchvision. transforms

torchvision. transforms 包提供常用的图片变换，例如裁剪、旋转、缩放以及数据类型转换等，下载数据集的接口中可以传入 torchvision. transforms 对象对数据进行转换，多个转换处理可以用 Compose 进行序列化组合。数据转换的函数接口比较多，这里以 ReSize 为例进行介绍。ReSize 接口定义为：

```
torchvision.transforms.Resize(size, interpolation=2)
```

函数参数：

size(sequence 或 int)：输出图像大小，如果 size 是类似(h，w)的序列，则输出大小将与此匹配。如果 size 是 int，则图像的较小边将与此数字匹配。即，如果高度>宽度，则图像将重新缩放为(尺寸×高度/宽度，尺寸)。

interpolation(int，optional)：缩放处理插值方式，默认为 PIL. Image. BILINEAR。

4)torchvision. utils

torchvision. utils 提供其他的一些图像处理方法，例如保存图像到文件等。保存图像的接口定义为：

```
torchvision.utils.save_image(tensor, filename, nrow=8, padding
=2,
```

```
normalize=False, range=None, scale_each=False)
```

函数参数：

tensor：要保存的影像数据。

filename：保存目标文件名。

nrow：每一行显示的 image 数量。

padding(int，可选)：填充的数量，默认为 2。

normalize（bool，可选）：如果值为 True，通过减去最小像素值并除以最大像素值的方法，把图像的范围变为（0，1），此过程为归一化处理。

range(tuple，可选)：tuple（min，max），这里 min 和 max 都是数字，是用来规范 image 的，通常情况下，min 和 max 需从 tensor 数据中统计得到。

scale_ each(bool，可选)：如果值为 True，每个 image 独立规范化，而不是根据所有 image 的像素最大最小值来归一化。

### 6.2.4　PyTorch 构建神经网络

PyTorch 神经网络的典型开发过程为：①定义神经网络模型，它有一些可学习的参数（或者权重）；②在数据集上迭代，通过神经网络处理输入，计算损失(输出结果和正确值的差距大小）将梯度反向传播回网络的参数，更新网络的参数，主要使用更新原则是 weight = weight-learning_rate * gradient；③测试和使用训练好的模型。

采用 PyTorch 定义神经网络模型的主要步骤：

（1）从 torch. nn. Module 继承一个自己的神经网络类；

（2）给自己的神经网络类类定义构造函数，构造函数中需要定义好整个网络模型。

（3）设计自己的 forward 函数，而 backward 函数（计算梯度）在使用 autograd 时会自动创建。

设计好自己的神经网络后就开始在数据集上迭代，计算出模型参数，最后就可以使用训练好的模型处理数据了。其间为了优化模型，可以添加各种输出数据对模型进行评估。下面以 LeNet 模型为例进行介绍，LeNet 网络前面已经介绍过，为了方便阅读，这里再次给出其模型结构，如图 6-13 所示。

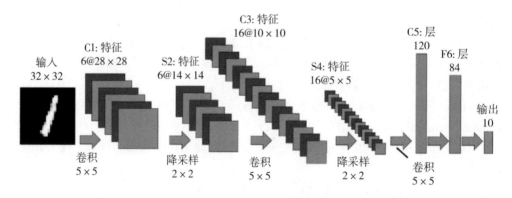

图 6-13　LeNet 模型

LeNet 模型的输入层即为手写数字库中的图片数据，大小为 32×32，除此之外，LeNet 模型还包含了七层网络：三层卷积层、两层池化层、一层全连接层以及一层结果输出层，下面分别介绍这七层网络的具体参数。

卷积层 C1 中，卷积核大小设定为 5×5，卷积深度设定为 6，输入层经过卷积运算之后，会得到深度为 6、大小为 28×28 的特征映射。使用全 0 填充卷积结果的边界，卷积步长为 1，由此本层共有 6×(5×5+1) = 156 个训练参数。输入层中每个大小为 5×5 的局部感受野，都会与卷积层 C1 中的神经元进行连接。经过该层卷积运算，手写数字图像的特征会予以加强，降低噪声的影响。

池化层 S2 中，池化核大小设定为 2×2，池化深度设定为 6，上层输出经过池化运算后，会形成深度为 6、大小为 14×14 的池化运算映射。由于池化区域不重叠，池化步长为 2，由此本层共有 6×(1+1) = 12 个训练参数。经过该层池化运算，特征信息在得到完整保留的同时，池化层 S2 还降低了手写字体图像的维度。

卷积层 C3 中，卷积核大小设定为 5×5，卷积深度设定为 16，上层输出经过该层卷积运算之后，会形成深度为 16、大小为 10×10 的特征映射。卷积层 C1 与输入层全连接，与之不同的是该层与池化层 S2 的连接，是采用部分连接方式，C3 的每一个神经元都与 S2 的多个神经元进行部分连接，连接方式如表 6-2 所示，仍采取全 0 填充卷积结果的边界，卷积步长仍为 1。经过该层卷积运算，可以进一步提高特征信息的抽象程度，得到其更深层次的内容。

**表 6-2　LeNet 卷积层连接方式**

|   | 0 | 1 | 2 | 3 | 4 | 5 | 6 | 7 | 8 | 9 | 10 | 11 | 12 | 13 | 14 | 15 |
|---|---|---|---|---|---|---|---|---|---|---|----|----|----|----|----|----|
| 0 | ✓ |   |   |   | ✓ | ✓ | ✓ |   |   | ✓ | ✓  | ✓  | ✓  |    | ✓  | ✓  |
| 1 | ✓ | ✓ |   |   |   | ✓ | ✓ | ✓ |   |   | ✓  | ✓  | ✓  | ✓  |    | ✓  |
| 2 | ✓ | ✓ | ✓ |   |   |   | ✓ | ✓ | ✓ |   |    | ✓  |    | ✓  | ✓  | ✓  |
| 3 |   | ✓ | ✓ | ✓ |   |   | ✓ | ✓ | ✓ | ✓ |    |    | ✓  |    | ✓  | ✓  |
| 4 |   |   | ✓ | ✓ | ✓ |   |   | ✓ | ✓ | ✓ | ✓  |    | ✓  | ✓  |    | ✓  |
| 5 |   |   |   | ✓ | ✓ | ✓ |   |   | ✓ | ✓ | ✓  | ✓  |    | ✓  | ✓  | ✓  |

池化层 S4 中，池化核大小设定为 2×2，池化深度设定为 16，上层输出经过池化运算之后，会形成深度为 16、大小为 5×5 的池化运算映射。同样，该层的池化区域不重叠，池化步长为 2，由此本层共有 16×(1+1) = 32 个训练参数。经过该层池化运算，输入层的手写数字数据的特征才得到充分挖掘和降维。

卷积层 C5 中，卷积核大小设定为 5×5，卷积深度设定为 120，上层输出经过该层卷积运算之后，会形成深度为 120、大小为 1×1 的特征映射。仍采取全 0 填充卷积结果的边界，卷积步长仍为 1，每个神经元都与上层的 16 个池化运算映射相连接，由此本层共有 120×(16×5×5+1) = 48120 个训练参数。经过该层卷积运算特征信息进一步加强，并抽象成 120 个点数据。

　　全连接层 F6 则是由 84 个神经元组成，与上层神经元全连接，应用 Sigmoid 函数作为传递函数，以控制输出层为 10 个神经元，对应 10 个阿拉伯数字，该层一共有 84×(120+1)= 10164 个训练参数。

　　LeNet 模型 PyTorch 代码如下：

```
import torch              #导入 pytorch 库
import torch.nn as nn   # torch.nn 库


#从 torch.nn.Module 继承一个自己的神经网络类 LeNet5
class LeNet5(nn.Module):
    #定义构造函数,在构造函数中定义网络模型
    def __init__(self):
        super(convolution_neural_network, self).__init__()
        #定义卷积层
        self.conv = nn.Sequential(
            nn.Conv2d(in_c = 1, out_c = 6, k_size = 5, stride = 1,
padding = 0),
            nn.Sigmoid(),
            nn.MaxPool2d(kernel_size = 2, stride = 2),   # 12x12x6
            nn.Conv2d(in_c = 6, out_c = 16, k_size = 5, stride = 1,
padding = 0),
            nn.Sigmoid(),
            nn.MaxPool2d(kernel_size = 2, stride = 2)   # 4x4x16
        )
        #定义全连接层
        self.fc = nn.Sequential(
            nn.Linear(in_features = 256, out_features = 120),
            nn.Sigmoid(),
            nn.Linear(in_features = 120, out_features = 84),
            nn.Sigmoid(),
            nn.Linear(in_features = 84, out_features = 10),
        )
    #定义 forward 函数,backward 函数由 autograd 自动生成
    def forward(self, img):
        feature = self.conv(img)
        output = self.fc(feature.view(img.shape[0],-1))
        return output
```

## 6.3 TensorFlow

TensorFlow 是由谷歌大脑团队于 2015 年 11 月开发的第二代开源的机器学习框架，支持 Python、C++、Java、GO 等多种编程语言，以及 CNN、RNN 和 GAN 等深度学习算法。TensorFlow 除可以在 Windows、Linux、MacOS 等操作系统中运行外，还支持在 Android 和 iOS 移动平台运行以及适用于多个 CPU/GPU 组成的分布式系统。TensorFlow 是目前很热门的深度学习框架，广泛应用于自然语言处理、语音识别、图像处理等多个领域。深受全球深度学习爱好者的广泛欢迎，Google、eBay、Uber、OPenAI 等众多科技公司的研发团队也都在使用它。相较于其他的深度学习框架，TensorFlow 的主要优势有以下几点：高度的灵活性、支持 Python 语言开发、可视化效果好、功能更加强大、运行效率高、有强大的社区。

TensorFlow 名称由 Tensor 和 Flow 组成，Tensor 是张量，Flow 代表数据流图计算，所以 TensorFlow 也可以理解为支持计算图的张量处理系统。TensorFlow 最显著的特色就是采用数据流图(Data Flow Graphs)实现数值计算。

数据流图用"节点"(Nodes)和"线"(Edges)的有向图来描述数学计算。节点用来表示施加的数学操作，也可以表示数据输入(Feed in)的起点/输出(Push out)的终点，或者是读取/写入持久变量(Persistent Variable)。线表示节点之间的输入/输出关系，这些数据"线"输运的是张量(Tensor)数据。在 TensorFlow 中，变量必须是张量，不能是诸如 int，double 这样的类型，即使是一个整数 1，也必须被包装成一个 0 维的张量。

TensorFlow 的程序核心就是一个计算图，编程的过程就是把图建好。例如，计算$((1+2)*3)^2$，是一个包括了 3 个 Tensor 数据和 3 个操作的图，如图 6-14 所示。

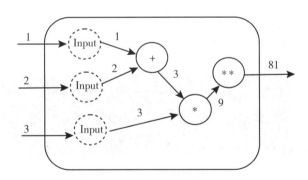

图 6-14　TensorFlow 计算图示例

计算图是静态的，这个计算图每个节点接收什么样的张量和输出什么样的张量已经固定下来，要运行这个计算图，需要开启一个会话(Session)，在 Session 中计算图被运行。运行时，节点将被分配到各种计算设备完成异步并行运算处理。

TensorFlow 官网：https://www.tensorflow.org/；TensorFlow 中文官网：https://tensorflow.google.cn/。

## 6.3.1　TensorFlow 环境搭建

TensorFlow 可以在 Windows、Linux、MacOS 和 Android 等系统中运行，本书以 Windows 系统的安装为例进行介绍。为方便安装 TensorFlow，需要先安装 Anaconda，它集成了很多 Python 的第三方库及其依赖项，方便在编程中直接调用，Anaconda 的安装请参考 6.2.1 节“PyTorch 环境搭建”。

安装好 Anaconda 后打开命令提示符，输入

```
pip install Tensorflow
```

就可以实现 TensorFlow 的安装，安装过程如图 6-15 所示。

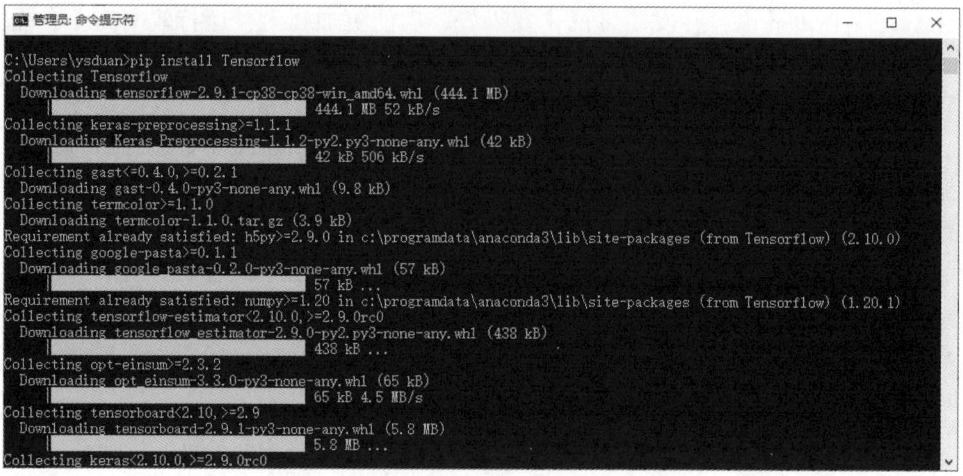


图 6-15　TensorFlow 的安装命令及提示信息

安装成功时提示的信息如图 6-16 所示。

```
Successfully installed TensorFlow-2.9.1 absl-py-1.2.0 astunparse-1.6.3 flatbuffers-1.12 gast-0.4.0 google-pasta-0.2.0 keras-2.9.0 keras-preprocessing-1.1.2 libclang-14.0.1 opt-einsum-3.3.0 tensorboard-2.9.1 tensorflow-estimator-2.9.0 tensorflow-io-gcs-filesystem-0.26.0 termcolor-1.1.0
```

图 6-16　TensorFlow 安装成功提示信息

安装完成后进入 Python，输入

```
>>>import tensorflow as tf
>>>print(tf.__version__)
```

就可以检验 TensorFlow 是否安装成功。如果没有任何报错，并显示出 TensorFlow 的版本，则说明 TensorFlow 已经安装成功，处理结果如图 6-17 所示。

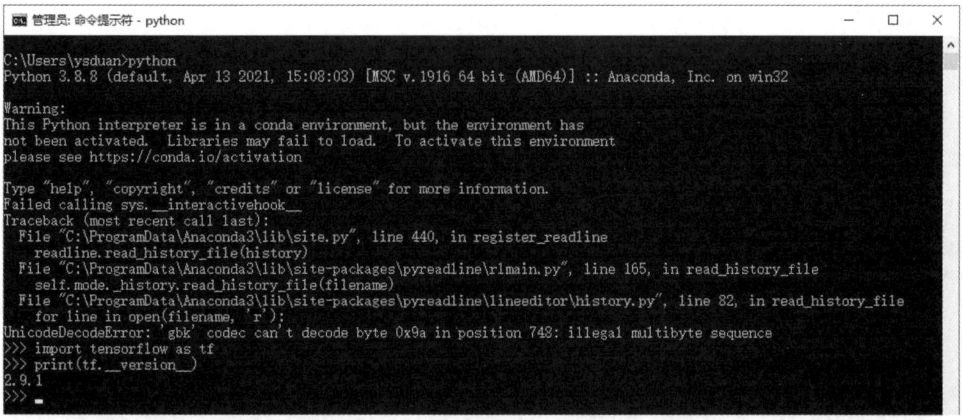

图 6-17 TensorFlow 安装成功测试

TensorFlow 对 NVIDIA 的 GPU 有很好的支持，可以利用 NVIDIA GPU 强大的计算加速能力，使运行更为高效，可以成倍地提升模型训练的速度。当然在安装 GPU 模块前，需要具有一块较好的 NVIDIA 显卡，以及正确安装 NVIDIA 显卡驱动程序、CUDA Toolkit 和 cuDNN。TensorFlow 的 GPU 模块要求 NVIDIA 显卡的 CUDA Compute Capability 不得低于 3.5，可以到 NVIDIA 官方网站查询自己所用显卡的 CUDA Compute Capability。

在 Linux 系统下访问 NVIDIA 官方网站，下载驱动程序(是一个以 . run 结尾的文件)，并使用 sudo bash DRIVER_FILE_NAME. run 命令安装驱动即可。在具有图形界面的桌面版 Linux 系统中，GPU 模块安装非常麻烦，需要对 NVIDIA 显卡驱动程序进行一些额外的配置，否则会出现无法登录等各种错误。以 Ubuntu 为例，在安装前进行以下 4 个步骤：①禁用系统自带的开源显卡驱动 Nouveau，在 /etc/modprobe. d/blacklist. conf 文件中添加一行 blacklist nouveau，使用 sudo update-initramfs-u 更新内核，并重启；②禁用主板的 Secure Boot 功能；③停用桌面环境，如 sudo service lightdm stop；④删除原有 NVIDIA 驱动程序，如 sudo apt-get purge nvidia。

在 Windows 环境中，直接访问 NVIDIA 官方网站，下载并安装对应型号的最新公版驱动程序即可。

安装好 GPU 驱动后，就开始安装 CUDA Toolkit 和 cuDNN。在 Anaconda 环境下可以使用命令：

```
conda install cudatoolkit = X.X
conda install cudnn = X.X.X
```

其中，X. X 和 X. X. X 分别为需要安装的 CUDA Toolkit 和 cuDNN 的版本号，必须严格按照 TensorFlow 官方网站所说明的版本进行安装。

## 6.3.2 TensorFlow 简单测试

为了测试 TensorFlow 框架，可以编写简单的 Python 程序进行测试，例如编写程序测试对字符串的支持，过程及结果如图 6-18 所示。

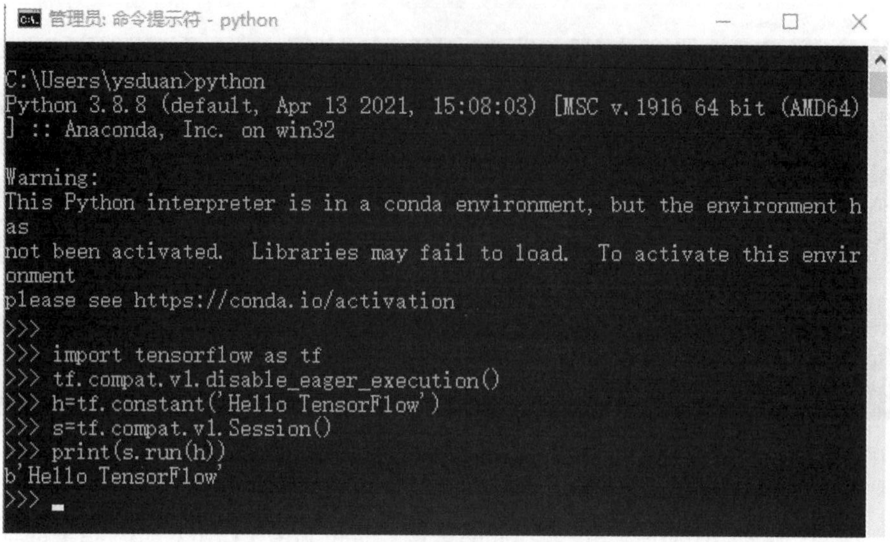

图 6-18　TensorFlow 简单程序测试

图 6-18 代码中"tf. compat. v1. disable_eager_execution( )"是为了兼容 V1.0 版本,因为在 V2.0 版中,TensorFlow 去除了 Session( )接口,为此需要添加兼容语句,同时在调用 Session 时,也要用"tf. compat. v1. Session( )"才可以。其实 V2.0 的代码比 V1.0 的代码要简洁,而且阅读性更好。如果在学习过程中参考的代码是 V1.0 版本的,则需要进行相应的改造,为说明 V1.0 与 V2.0 的区别,下面分别给出两份相关功能的代码,如图 6-19 所示。

## 6.3.3　TensorFlow 的组成与使用

前面讲过,TensorFlow 就是支持计算图的张量处理系统,其最显著的特色是采用数据流图(Data Flow Graphs)实现数值计算。为实现这个目标,TensorFlow 提供了大量的类和函数,下面就最常用的类与函数进行介绍。

### 1. TensorFlow 与 NumPy

在 Python 语言的扩展模型中,介绍过 NumPy 是 Python 中科学计算的基础包,提供多维数组对象、各种派生对象以及用于数组快速操作的各种 API,包括数学、逻辑、形状操作、排序、选择、输入输出、离散傅里叶变换、基本线性代数、基本统计运算和随机模拟,等等。在 TensorFlow 中,很多计算都将依赖 NumPy 实现,因此可以认为 NumPy 是 TensorFlow 的重要组成部分。

### 2. 张量 tf. Tensor

tf. Tensor 张量是具有统一类型的多维数组,可以在 tf. dtypes. DType 中查看所有支持的 dtypes,张量与 Numpy 的 np. arrays 有一定相似性,可以相互转换。就像 Python 数值和字符串一样,所有 tf. Tensor 张量都是不可变的,永远无法更新张量的内容,只能创建新的张量,这与 C 语言常量一样。

tf. Tensor 基类要求张量是"矩形",每个轴上的每一个元素大小相同。但是,有可以

```
in_a = tf.placeholder(dtype=tf.float32, shape=(2))
in_b = tf.placeholder(dtype=tf.float32, shape=(2))

def forward(x):
  with tf.variable_scope("matmul", reuse=tf.AUTO_REUSE):
    W = tf.get_variable("W", initializer=tf.ones(shape=(2,2)),
                          regularizer=tf.contrib.layers.l2_regularizer(0.04))
    b = tf.get_variable("b", initializer=tf.zeros(shape=(2)))
    return W * x + b

out_a = forward(in_a)                    TensorFlow V1.0 的代码
out_b = forward(in_b)

reg_loss = tf.losses.get_regularization_loss(scope="matmul")

with tf.Session() as sess:
  sess.run(tf.global_variables_initializer())
  outs = sess.run([out_a, out_b, reg_loss],
                  feed_dict={in_a: [1, 0], in_b: [0, 1]})
```

```
W = tf.Variable(tf.ones(shape=(2,2)), name="W")
b = tf.Variable(tf.zeros(shape=(2)), name="b")

@tf.function
def forward(x):                          TensorFlow V2.0 的代码
  return W * x + b

out_a = forward([1,0])
print(out_a)
```

图 6-19 TensorFlow 代码 V1.0 与 V2.0 的区别

处理不同形状的特殊类型张量，例如不规则张量 RaggedTensor，稀疏张量 SparseTensor 等。张量支持基本数学运算，包括加法、逐元素乘法和矩阵乘法等。

tf. Tensor 张量有形状等属性，相关术语包括：

(1)形状：张量的每个轴的长度(元素数量)。

(2)秩(阶)：张量轴数。标量的秩为 0，向量的秩为 1，矩阵的秩为 2。

(3)轴或维度：张量的一个特殊维度。

(4)大小：张量的总项数，即乘积形状向量。

TensorFlow 遵循标准 Python 索引规则(类似于在 Python 中为列表或字符串编制索引)以及 NumPy 索引的基本规则。索引从 0 开始编制，负索引表示按倒序编制索引，索引的切片用冒号表示，其语法是 start：stop：step。

(1)张量的创建：tf. tensor( value, shape, dataType) 或者 tf. constant( value, dtype, shape, dataType)。

函数参数：

value：张量的值，它可以是数字、嵌套 Array 或 TypedArray。如果数组元素是字符串，则它们将被编码为 UTF-8 并保持为 Uint8Array [ ]。

dtype[可选]：value 值的类型。

shape[可选]：它是一个可选参数。它采用张量的形状，如果未提供，则张量将从该值推断出其形状。

dataType[可选]：它也是可选参数。它可以是"float32"或"int32"或"bool"或"complex64"或"string"。

举例：

```
t1 = tf.tensor(1)
t2 = tf.constant([1,2,3,4,5])
```

（2）可以通过重构函数 tf.reshape 改变张量的形状，重构的速度很快，资源消耗很低，但要注意重构只处理总元素个数相同的任何新形状，如果不遵从轴的顺序，则不会发挥任何作用。一般来说，tf.reshape 唯一合理的用途是用于合并或拆分相邻轴。利用重构 tf.reshape 无法实现轴的交换，要交换轴，需要使用 tf.transpose。

（3）使用 Tensor.dtype 属性可以检查 tf.Tensor 的数据类型。从 Python 对象创建 tf.Tensor 时，用户可以选择指定数据类型。如果不指定，TensorFlow 会选择一个可以表示用户数据的数据类型。TensorFlow 将 Python 整数转换为 tf.int32，将 Python 浮点数转换为 tf.float32。另外，当转换为数组时，TensorFlow 会采用与 NumPy 相同的规则。

（4）tf.Tensor 支持广播。这里的广播是从 NumPy 中的等效功能借用的一个概念，在 tf.Tensor 中其含义为：在一定条件下，对一组张量执行组合运算时，为了适应大张量，会对小张量进行"扩展"。最简单和最常见的例子是尝试将张量与标量相乘或相加，在这种情况下会对标量进行广播，使其变成与其他参数相同的形状。例如让一个 3×1 的矩阵与一个 1×4 的向量进行元素级乘法运算，从而产生一个 3×4 的矩阵。

### 3. 变量 tf.Variable

TensorFlow 的变量是用于表示程序处理的共享持久状态的推荐方法，变量通过 tf.Variable 类进行创建和跟踪。tf.Variable 表示的张量，利用特定运算可以读取和修改此张量的值。一些高级库(如 tf.keras)使用 tf.Variable 来存储模型参数。tf.Variable 变量与 tf.Tensor 张量的定义方式和操作行为都十分相似，实际上，它们都是 tf.Tensor 支持的一种数据结构，与张量类似，变量也有 dtype 和形状，并且可以导出至 NumPy。

其实 TensorFlow 的 tf.Variable 变量是一个特殊的张量，是可以修改的张量，在程序中更多的时候使用的是 tf.Variable。tf.Variable 实例与其他 Python 对象的生命周期相同，如果没有对变量进行引用，则会自动将其解除分配。

在启动图时(进行操作之前)，所有的变量必须被明确定义。变量常用来储存和更新参数，在计算图过程中其值会一直保存至程序运行结束，这一点区别于一般的张量。一般的 TensorFlow 张量在运行过程中仅仅是从计算图中流过，并不会被保存下来，涉及变量的相关操作必须通过 Session 会话控制。

变量的创建：

```
tf.Variable(<initial-value>, name=<optional-name>)
```

或 tf.get_variable()

tf.Variable()是定义变量，而 tf.get_variable()是获取变量，主要设计目的是用于共享变量，但如果获取不到就等同于新定义变量。此外，使用 tf. Variable 时，如果检测到命名冲突，系统会自己处理。使用 tf. get_variable()时，系统不会处理冲突，而会报错。

举例：

```
a = tf.Variable([2.0, 3.0])
b = tf.Variable(a)
```

特别注意，TensorFlow 变量的定义和初始化是被分开的，给 variables 初始化最简单的方法就是 global_variables_initializer()，可以直接初始化所有 variables。

大部分张量运算在变量上也可以按预期运行，不过变量无法重构形状。如果变量是由张量来支持的，那么在运算中像使用张量一样使用变量，通常会对支持张量执行运算。从现有变量创建新变量会复制张量，两个变量不会共享同一内存空间。

为了提高性能，TensorFlow 会尝试将张量和变量放在与其 dtype 兼容的最快设备上。这意味着如果有 GPU，那么大部分变量都会放置在 GPU 上，可以通过重写变量改变其位置。

**4. 自动求导 tf. GradientTape**

要实现自动求导(也称自动微分)，TensorFlow 需要记住在前向传递过程中哪些运算以何种顺序发生。随后，在后向传递期间，TensorFlow 以相反的顺序遍历此运算列表来计算梯度。TensorFlow 为自动微分提供了 tf. GradientTape，即计算某个处理相对于某些输入(通常是 tf. Variable)的梯度。TensorFlow 会将在 tf. GradientTape 上下文内执行的相关运算"记录"到"条带"上，TensorFlow 随后会使用记录到条带的信息，通过反向微分计算出每一步运算的梯度。

例如先有代码：

```
x = tf.Variable(3.0)
with tf.GradientTape() as tape:
    y = x**2
```

其中，$y = x^2$ 就是 $y$ 与 $x$ 的处理函数，然后再使用 GradientTape. gradient ( target, sources) 就可以计算某个目标(通常是损失，这里是 $y$)相对于某个源(通常是模型变量，这里是 $x$)的梯度，代码为：

```
dy_dx = tape.gradient(y, x)
dy_dx.numpy()
```

此时将会看到输出为 6.0。

这个过程在张量上也可以进行，代码如下：

```
w = tf.Variable(tf.random.normal((3, 2)), name='w')
b = tf.Variable(tf.zeros(2, dtype=tf.float32), name='b')
x = [[1., 2., 3.]]
with tf.GradientTape(persistent=True) as tape:
    y = x @ w + b
    loss = tf.reduce_mean(y**2)
```

```
[dl_dw, dl_db] = tape.gradient(loss, [w, b])
print(w.shape)
print(dl_dw.shape)
```

如果是模型梯度，代码为：

```
layer = tf.keras.layers.Dense(2, activation = 'relu')
x = tf.constant([[1., 2., 3.]])

with tf.GradientTape() as tape:
  # Forward pass
  y = layer(x)
  loss = tf.reduce_mean(y**2)

# Calculate gradients with respect to every trainable variable
grad = tape.gradient(loss, layer.trainable_variables)

for var, g in zip(layer.trainable_variables, grad):
  print(f'{var.name}, shape: {g.shape}')
```

总之，TensorFlow 通过 tf.GradientTape 记录计算过程，然后用 gradient 实现自动计算梯度。

### 5. 模块、层和模型

抽象地说，模型是一个在张量上进行某些计算的函数（前向传递）和一些可以更新以响应训练的变量。大多数模型都由层组成，层是具有已知数学结构的函数，可以重复使用并具有可训练的变量。

在 TensorFlow 中，层和模型的大多数高级实现（例如 Keras 或 Sonnet）都是在基础类 tf. Module 上构建的。

下面的代码从 tf. Module 派生了一个 SimpleModule 类：

```
class SimpleModule(tf.Module):
  def __init__(self, name = None):
    super().__init__(name = name)
    self.a_variable = tf.Variable(5.0, name = "train_me")
    self.non_trainable_variable = tf.Variable(5.0, trainable =
False, \
                                    name = "do_not_train_me")
  def __call__(self, x):
    return self.a_variable * x + self.non_trainable_variable
simple_module = SimpleModule(name = "simple")
simple_module(tf.constant(5.0))
```

层与模型没有本质的差异，可以理解为层是模型的组成部分，例如下面是包含两个层的模型代码。

```
#定义层
class Dense(tf.Module):
  def __init__(self, in_features, out_features, name=None):
    super().__init__(name=name)
    self.w = tf.Variable(
      tf.random.normal([in_features, out_features]), name='w')
    self.b = tf.Variable(tf.zeros([out_features]), name='b')
  def __call__(self, x):
    y = tf.matmul(x, self.w) + self.b
return tf.nn.relu(y)


#定义模型
class SequentialModule(tf.Module):
  def __init__(self, name=None):
    super().__init__(name=name)
   #调用层
    self.dense_1 = Dense(in_features=3, out_features=3)
    self.dense_2 = Dense(in_features=3, out_features=2)
  def __call__(self, x):
    x = self.dense_1(x)
    return self.dense_2(x)


#使用模型
# You have made a model!
my_model = SequentialModule(name="the_model")
# Call it, with random results
print("Model results:", my_model(tf.constant([[2.0, 2.0, 2.0]])))
```

tf. Module 实例将以递归方式自动收集分配给它的任何 tf. Variable 或 tf. Module 实例，这样，可以使用单个模型实例管理 tf. Module 的集合，并保存和加载整个模型。

TensorFlow 可以在不使用原始 Python 对象的情况下运行模型，甚至对从 TensorFlow Hub 上下载训练好的模型也是如此。TensorFlow 只需要了解如何执行 Python 中描述的计算，而不需要原始代码，于是所有模型的结果就是一个计算图，可以使用 SavedModel 保存计算模型，SavedModel 包含了函数集合与权重集合。通过 SavedModel 可以保存 TensorFlow 的 tf. Module 模型的权重和计算图，再次加载它们即可。为了更方便地使用 tf. Module，TensorFlow 提供了更高阶的 Keras 模型和层。

**6. 训练循环**

训练循环是为神经网络应用编程提出的，机器学习通常包含以下步骤：获得训练数据；定义模型；定义损失函数；遍历训练数据，从目标值计算损失；计算该损失的梯度，并使用 optimizer 调整变量以适合数据；最后计算结果进行检查。下面以一个简单的线性模型 $f(x) = xW + b$（其中包含变量 $W$（权重）和 $b$（偏差））为例，按步骤进行介绍。

1）训练数据

监督学习使用输入（通常表示为 $x$）和输出（表示为 $y$，通常称为标签）。目标是从成对的输入和输出中学习，以便可以根据输入预测输出的值。TensorFlow 中几乎每个输入数据都是由张量表示的，并且通常是向量。监督学习中，输出（即预测值）同样是一个张量。实例通过将高斯（即正态分布）噪声添加到直线上的点合成一些数据，代码如下。

```
#实际的线
TRUE_W = 3.0
TRUE_B = 2.0

NUM_EXAMPLES = 1000

#随机向量 x
x = tf.random.normal(shape=[NUM_EXAMPLES])
#生成噪声
noise = tf.random.normal(shape=[NUM_EXAMPLES])
#计算 y
y = x * TRUE_W + TRUE_B + noise
```

以上代码产生的数据图像显示如图 6-20 所示。

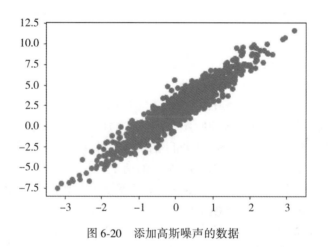

图 6-20　添加高斯噪声的数据

2）定义模型

使用 tf.Variable 代表模型中的所有权重。tf.Variable 能够存储值，并根据需要以张量形式提供，从 tf.Module 派生 MyModel 模型，代码如下。

```
class MyModel(tf.Module):
  def __init__(self, **kwargs):
    super().__init__(**kwargs)
    #初始化权重值为'5.0',偏差值为'0.0'
    #实际项目中,应该随机初始化
    self.w = tf.Variable(5.0)
    self.b = tf.Variable(0.0)

  def __call__(self, x):
    return self.w * x + self.b


model = MyModel()
```

3)定义损失函数

损失函数衡量给定输入的模型输出与目标输出的匹配程度。目的是在训练过程中尽量减少这种差异,代码如下:

```
#计算整个批次的单个损失值
def loss(target_y, predicted_y):
  return tf.reduce_mean(tf.square(target_y-predicted_y))
```

4)定义训练循环

训练循环按顺序重复执行以下任务:

(1)发送一批输入值,通过模型生成输出值;

(2)通过比较输出值与输出(标签),来计算损失值;

(3)使用梯度带(GradientTape)找到梯度值;

(4)使用这些梯度优化变量。

这个例子中使用 gradient descent 训练数据。这里借助 tf.GradientTape 的自动微分和 tf.assign_ sub 的递减值(结合了 tf.assign 和 tf.sub)实现,代码如下:

```
#给定一个可调用的模型,输入、输出和学习率
def train(model, x, y, learning_rate):

  with tf.GradientTape() as t:
    #可训练变量由 GradientTape 自动跟踪
    current_loss = loss(y, model(x))

  #使用 GradientTape 计算相对于 W 和 b 的梯度
  dw, db = t.gradient(current_loss, [model.w, model.b])

  #减去由学习率缩放的梯度
  model.w.assign_sub(learning_rate * dw)
```

```
      model.b.assign_sub(learning_rate * db)
```

开始发送同一批 $*x$ 和 $y*$ 开展循环训练，为了查看进展，输出 $W$ 和 $b$ 的变化情况。

```
model = MyModel()


#收集 W 值和 b 值的历史记录以供以后绘制检查
Ws, bs = [], []
epochs = range(10)


#定义用于训练的循环
def training_loop(model, x, y):
  for epoch in epochs:
    #用单个大批次处理更新模型
    train(model, x, y, learning_rate=0.1)

    #在更新之前进行跟踪
    Ws.append(model.w.numpy())
    bs.append(model.b.numpy())
    current_loss = loss(y, model(x))
    print("Epoch %2d: W=%1.2f b=%1.2f, loss=%2.5f" % \
        (epoch, Ws[-1], bs[-1], current_loss))


print("Starting: W=%1.2f b=%1.2f, loss=%2.5f" %
    (model.w, model.b, loss(y, model(x))))
#开始训练
training_loop(model, x, y)
print("Current loss: %1.6f" % loss(model(x), y).numpy())
```

以上程序输出结果为：

```
Starting: W=5.00 b=0.00, loss=8.30552
Epoch  0: W=4.64 b=0.37, loss=5.82631
Epoch  1: W=4.34 b=0.68, loss=4.18605
Epoch  2: W=4.09 b=0.92, loss=3.10076
Epoch  3: W=3.90 b=1.12, loss=2.38264
Epoch  4: W=3.73 b=1.29, loss=1.90745
Epoch  5: W=3.60 b=1.42, loss=1.59298
Epoch  6: W=3.49 b=1.52, loss=1.38487
Epoch  7: W=3.41 b=1.61, loss=1.24714
Epoch  8: W=3.33 b=1.68, loss=1.15598
Epoch  9: W=3.27 b=1.74, loss=1.09565
```

```
Current loss: 1.095646
```

**7. Keras**

tf. keras 是用于构建和训练深度学习模型的 TensorFlow API，利用此 API 可实现快速原型设计、先进的研究和生产，它具有以下三大优势：

(1)方便用户使用。Keras 具有针对常见用例做出优化的简单而一致的界面。它可针对用户错误提供切实可行的清晰反馈。

(2)模块化和可组合。将可配置的构造块组合在一起就可以构建 Keras 模型，并且几乎不受限制。

(3)易于扩展。可以编写自定义构造块，表达新的研究创意；可以创建新层、指标、损失函数并开发先进的模型。

Keras 的核心数据结构是"模型"，模型是一种组织网络层的方式。Keras 中主要的模型是 Sequential 模型，Sequential 是一系列网络层按顺序构成的栈。用户也可以查看函数式模型来学习建立更复杂的模型。Sequential 模型如下：

```
from keras.models import Sequential
from keras.layers import Dense, Activation

model = Sequential()
model.add(Dense(units=64, input_dim=100))
model.add(Activation("relu"))
model.add(Dense(units=10))
model.add(Activation("softmax"))
```

简单理解就是将一些网络层通过 .add()堆叠起来，就构成了一个模型。完成模型的搭建后，使用 .compile()方法来编译模型，代码为：

```
model.compile(loss='categorical_crossentropy', \
optimizer='sgd', metrics=['accuracy'])
```

编译模型时必须指明损失函数和优化器，如果用户需要的话，也可以自己定制损失函数。完成模型编译后，我们在训练数据上按 batch 进行一定次数的迭代来训练网络，代码为：

```
model.fit(x_train, y_train, epochs=5, batch_size=32)
```

随后，对模型进行评估，看看模型的指标是否满足我们的要求，代码为：

```
loss_and_metrics = model.evaluate(x_test, y_test, batch_size=128)
```

也可以使用模型，对新的数据进行预测：

```
classes = model.predict(x_test, batch_size=128)
```

使用 Keras 搭建一个深度学习模型的大致步骤就是这样的，可以说是非常方便的。Keras 的官网地址为：https://keras.io/zh/。

**8. 性能提升**

无须更改任何代码，TensorFlow 代码以及 tf.keras 模型就可以在单个 GPU 上透明运行。如果希望在一台或多台机器上运行，或者使用多个 GPU，最简单的方法是使用分布策略 tf.distribute.Strategy。tf.distribute.Strategy 是一个可以在多个 GPU、多台机器或 TPU(TensorFlow Processing Unit，针对 TensorFlow 而设计的硬件加速运算器)上进行分布式训练的 API，使用此 API 只需改动较少代码就能分布现有模型和训练代码。

在 TensorFlow 2.x 中，可以立即执行程序，也可以使用 tf.function 在计算图中执行。虽然 tf.distribute.Strategy 对两种执行模式都支持，但使用 tf.function 效果最佳。建议仅将 Eager 模式用于调试，而 TPUStrategy 不支持此模式。在使用 tf.distribute.Strategy 时只需改动少量代码，因为 TensorFlow 的底层组件可感知策略，这些组件包括变量、层、优化器、指标、摘要和检查点。

tf.distribute.Strategy 计划涵盖不同轴上的许多用例，目前已支持其中的部分组合，将来还会添加其他组合。其中一些组合包括：

同步训练和异步训练：这是通过数据并行进行分布式训练的两种常用方法。在同步训练中，所有工作进程都同步地对输入数据的不同片段进行训练，并且会在每一步中聚合梯度。在异步训练中，所有工作进程都独立训练输入数据并异步更新变量。通常情况下，同步训练通过全归约(AllReduce)实现，而异步训练通过参数服务器架构实现。

硬件平台：用户可能需要将训练扩展到一台机器上的多个 GPU 或一个网络中的多台机器(每台机器拥有 0 个或多个 GPU)，或扩展到 Cloud TPU 上。

TensorFlow 有六种分布策略可选，具体情况如表 6-3 所示。

**表 6-3　TensorFlow 的六种分布策略**

| 训练 API | Mirrored-Strategy | TPU-Strategy | MultiWorker-Mirrored-Strategy | Central-Storage-Strategy | Parameter-Server-Strategy |
| --- | --- | --- | --- | --- | --- |
| Keras API | 支持 | 支持 | 实验性支持 | 实验性支持 | 计划在 2.3 版本中支持 |
| 自定义训练循环 | 支持 | 支持 | 实验性支持 | 实验性支持 | 计划在 2.3 版本中支持 |
| Estimator API | 有限支持 | 不支持 | 有限支持 | 有限支持 | 有限支持 |

MirroredStrategy 支持在一台机器的多个 GPU 上进行同步分布式训练。该策略会为每个 GPU 设备创建一个副本。模型中的每个变量都会在所有副本之间进行镜像。这些变量将共同形成一个名为 MirroredVariable 的单个概念变量。这些变量会通过应用相同的更新彼此保持同步。

高效的全归约算法用于在设备之间传递变量更新。全归约算法通过加总各个设备上的张量使其聚合，并使其在每个设备上可用。这是一种非常高效的融合算法，可以显著减少同步开销。根据设备之间可用的通信类型，可以使用的全归约算法和实现方法有很多。默认使用 NVIDIA NCCL 作为全归约实现。创建 MirroredStrategy 最简单的方法为：

```
mirrored_strategy = tf.distribute.MirroredStrategy()
```

TPUStrategy 支持在张量处理单元（TPU）上运行 TensorFlow 训练。TPU 是 Google 的专用 ASIC，旨在显著加速机器学习工作负载。用户可通过 Google Colab、TensorFlow Research Cloud 和 Cloud TPU 平台进行使用。

MultiWorkerMirroredStrategy 与 MirroredStrategy 非常相似，实现了跨多个工作进程的同步分布式训练，每个工作进程可有多个 GPU。使用 CollectiveOps 作为多工作进程全归约通信方法，用于保持变量同步。

创建 MultiWorkerMirroredStrategy 的简单方法：

```
multiworker_strategy =tf.distribute.experimental.MultiWorker
MirroredStrategy()
```

ParameterServerStrategy 支持在多台机器上进行参数服务器训练，有些机器会被指定为工作进程，有些会被指定为参数服务器，模型的每个变量都会被放在参数服务器上。计算会被复制到所有工作进程的所有 GPU 中，其实现代码为：

```
ps_strategy = tf.distribute.experimental.ParameterServerStra
tegy()
```

OneDeviceStrategy 是一种会将所有变量和计算放在单个指定设备上的策略。其实现代码为：

```
strategy = tf.distribute.OneDeviceStrategy(device="/gpu:0")
```

## 6.3.4　TensorFlow 构建神经网络

用 TensorFlow 构建神经网络的典型开发过程为：①用 Keras 定义神经网络模型，并编译模型；②在数据集上执行训练循环，获得模型参数；③测试和使用训练好的模型。下面还是以 LeNet 为例进行介绍。

```
import tensorflow as tf

#(1)用 Keras 定义神经网络模型
#将模型的各层堆叠起来,以搭建 tf.keras.Sequential 模型
model = tf.keras.models.Sequential([
  tf.keras.layers.Flatten(input_shape=(28, 28)),
  tf.keras.layers.Dense(128, activation='relu'),
  tf.keras.layers.Dropout(0.2),
  tf.keras.layers.Dense(10, activation='softmax')
])
model.compile(optimizer='adam',
```

```
                loss ='sparse_categorical_crossentropy',
                metrics =['accuracy'])
```

\#准备 MNIST 数据集,将样本从整数转换为浮点数:

```
mnist = tf.keras.datasets.mnist
(x_train, y_train), (x_test, y_test) = mnist.load_data()
x_train, x_test = x_train /255.0, x_test /255.0
```

\#(2) 在数据集上执行训练循环

```
model.fit(x_train, y_train, epochs =5)
```
\#(3) 测试和使用训练好的模型
```
model.evaluate(x_test,  y_test, verbose =2)
```
以上程序输出为:

Epoch 1 /5

1875 /1875 [ = = = = = = = = = = = = =]- 6s  2ms /step-loss: 0.2980- accuracy: 0.9130

Epoch 2 /5

1875 /1875 [ = = = = = = = = = = = = =]- 4s  2ms /step-loss: 0.1454- accuracy: 0.9556

Epoch 3 /5

1875 /1875 [ = = = = = = = = = = = = =]- 4s  2ms /step-loss: 0.1094- accuracy: 0.9672

Epoch 4 /5

1875 /1875 [ = = = = = = = = = = = = =]- 4s  2ms /step-loss: 0.0893- accuracy: 0.9725

Epoch 5 /5

1875 /1875 [ = = = = = = = = = = = = =]- 4s  2ms /step-loss: 0.0754- accuracy: 0.9758

313 /313 -1s-loss: 0.0702-accuracy: 0.9783-662ms /epoch-2ms /step 0.07020759582519531, 0.9782999753952026]

从最后的输出可以看出，这个分类器模型的准确度已经达到 97.83%。在 TensorFlow 下，基础 Keras 的开发神经网络模型过程比较简单，但后期的优化还是非常需要技巧的。

## 6.3.5　TensorFlow 可视化 TensorBoard

TensorBoard 是 TensorFlow 内置的一个可视化工具，它通过将 TensorFlow 程序输出的日志文件的信息可视化使得 TensorFlow 程序的理解、调试和优化更加简单高效。TensorBoard

可以在 Web 上展示记录训练数据、评估数据、网络结构、图像等，对于观察分析神经网络的过程非常有帮助。

**1. TensorBoard 的安装**

TensorBoard 是 TensorFlow 的一部分，安装好 TensorFlow 后 TensorBoard 就自动安装好了。如果在 PyTorch 等其他框架中，仍需要自己安装。使用命令行辅助工具 conda 进行安装，安装命令为：

```
conda install tensorboard
```

**2. TensorBoard 的使用**

TensorBoard 使用的流程主要包含以下四步。

(1) 导入 TensorBoard，实例化 SummaryWriter 类，指明记录日期路径等信息。如果使用 TensorFlow 框架，可以直接使用 TensorFlow 的 summary 读写数据。如果使用 PyTorch，则 TensorBoard 属于 torch. utils，因此需要用：

```
from torch.utils.tensorboard import SummaryWriter
```

进行导入，然后可以用 SummaryWriter() 函数进行实例化，并指明日志存放路径，默认存放在当前目录下的 logs 目录中。

(2) 调用写入 API 写入数据，接口格式为：

```
add_xxx(tag_name, object, iteration-number)
```

数据写完后调用关闭文件接口 close() 结束写数据。

(3) 启动 TensorBoard，在命令行中输入：

```
tensorboard__logdir=r'要显示的数据目录'
```

(4) 按照 TensorBoard 在命令行中输出的网址，在浏览器中打开这个网址即可看到输出结果的图形化显示。

下面以在 TensorFlow 框架下显示计算图为例进行 TensorBoard 使用介绍。先编写向量加法的计算图程序，代码如下：

```
import tensorflow as tf
#定义一个计算图,实现两个向量的减法,两个输入中 a 为常量,b 为变量
a=tf.constant([10.0, 20.0, 40.0], name='a')
b=tf.Variable(tf.random_uniform([3]), name='b')
output=tf.add_n([a,b], name='add')
#生成一个具有写权限的日志文件操作对象,
#将当前命名空间的计算图写进日志中
writer=tf.summary.FileWriter('c:/path/logs', tf.get_default_graph())
writer.close()
```

执行以上代码，生成 c：/path/logs 下的计算图数据。然后启动 TensorBoard，命令行为：tensorboard--logdir c：/path/logs，系统将提示一个网络地址形如：xxx.xxx.xxx.

xx：6006。

打开浏览器，在地址栏中输入以上地址：xxx. xxx. xxx. xx：6006，就可以看到图形显示的计算图，如图 6-21 所示。

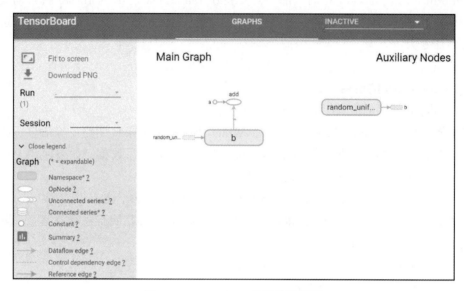

图 6-21　TensorBoard 显示的计算图

## 6.4　Caffe

Caffe 全称 Convolutional Architecture for Fast Feature Embedding，是一个兼具表达性、速度和思维模块化的深度学习框架，是最早的深度学习框架之一，比 TensorFlow、MXNet、PyTorch 等都更早，是贾扬清在加州大学伯克利分校攻读博士期间创建的项目。Caffe 在 BSD 许可下开源，托管于 GitHub，拥有众多贡献者。Caffe 的内核是用 C++编写的，也具有 Python 和 MATLAB 相关接口。由于 Caffe 提供的是所有源代码，因此需要进行编译安装。Caffe 支持多种类型的深度学习架构，面向图像分类和图像分割，还支持 CNN、RCNN、LSTM 和全连接神经网络设计。Caffe 支持基于 GPU 和 CPU 的加速计算内核库，如 NVIDIA cuDNN 和 Intel MKL 等。

Caffe 目前主要应用于视觉、语音和多媒体等领域的大型学术研究项目。雅虎还将 Caffe 与 Apache Spark 集成在一起，创建了一个分布式深度学习框架 CaffeOnSpark。2017 年 4 月，Facebook 发布 Caffe2，加入了递归神经网络等新功能。2018 年 3 月底，Caffe2 并入 PyTorch。

Caffe 框架具有如下特点：

（1）Caffe 完全开源，并且在多个活跃社区沟通解答问题，同时提供了一个用于训练、测试等的完整工具包，可以帮助使用者快速上手。

（2）模块性。Caffe 以模块化原则设计，实现了网络层和损失函数对新的数据格式的轻松扩展。

（3）表示和实现分离。Caffe 用谷歌的 Protocol Buffer 定义模型文件，使用特殊的文本文件 prototxt 表示网络结构，是以有向非循环图形式的网络构建。

（4）Python 和 MATLAB 结合。Caffe 提供了 Python 和 MATLAB 接口，供使用者选择熟悉的语言调用部署算法应用。

（5）GPU 加速。使用了 MKL、OpenBLAS、cuBLAS 等计算库，利用 GPU 实现计算加速。

Caffe 框架需要的依赖库如下：

（1）Boost 库：一个可移植、提供源代码的 C++库，作为标准库的后备，是 C++标准化进程的开发引擎之一。Caffe 的大量代码依赖于 Boost 库。

（2）GFlags 库：Google 的一个开源的处理命令行参数的库，使用 C++开发。Caffe 库采用 GFlags 库开发 Caffe 的命令行。

（3）GLog 库：一个应用程序的日志库，提供基于 C++风格的流日志 API，Caffe 运行时的日志依赖于 GLog 库。

（4）LevelDB 库：Google 实现的一个非常高效的 Key-Value 数据库。单进程服务，性能非常高，是 Caffe 支持的两种数据库之一。

（5）LMDB 库：是一个超级小、超级快的 Key-Value 数据存储服务，使用内存映射文件，因此在读取数据的性能与内存数据库一样，其大小受限于虚拟地址空间的大小，是 Caffe 支持的两种数据库之一。

（6）ProtoBuf 库：Google Protocol Buffer，一种轻便高效的结构化数据存储格式，可用于结构化数据的串行化（序列化），适合做数据存储或 RPC 数据交换格式。可用于通信协议、数据存储等领域的语言无关、平台无关、可扩展的序列化结构数据格式。Caffe 使用起来非常方便，很大程度上是因为采用 . proto 文件作为用户的输入接口。用户通过编写 . proto 文件定义网络模型和 Solver。

（7）HDF5 库：Hierarchical Data File，一种高效存储和分发科学数据的新型数据格式，可存储不同类型的图像和数码数据的文件格式，可在不同的机器上进行传输，同时还有统一处理这种文件格式的函数库。

（8）Snappy 库：一个 C++库，用来压缩和解压缩的开发包。旨在提供高速压缩速度和合理的压缩率。

Caffe 官网：http：//caffe. berkeleyvision. org/。

## 6.4.1 Caffe 环境搭建

由于 Caffe 官方只提供了 Linux 版本，因此 Caffe 的操作系统一般使用 Linux，当然也有 Windows 版本的 Caffe，不过会经常遇到各种错误，网上下载的一些源码、模型也往往不能快速地运行起来，因为 Caffe 在不断地快速迭代更新中，不使用原版很难保证代码可以运行。下面以 Linux(Ubuntu)中的安装为例进行介绍。Caffe 的安装主要有三步：

**1. 安装 GPU 的 CUDA 驱动**

Caffe 支持 NVIDIA 的 GPU，可以利用 NVIDIA GPU 强大的计算加速能力，使运行更为高效，可以成倍提升模型训练的速度。当然在安装 GPU 模块前，需要具有一块较好的 NVIDIA 显卡，以及正确安装 NVIDIA 显卡驱动程序、CUDA Toolkit 和 cuDNN。Caffe 要求 NVIDIA 显卡的 CUDA Compute Capability 不得低于 3.5，可以到 NVIDIA 官方网站查询自己所用显卡的 CUDA Compute Capability。

在 Linux 系统下，访问 NVIDIA 官方网站，下载驱动程序(是个以 .run 结尾的文件)，并使用 sudo bash DRIVER_FILE_NAME.run 命令安装驱动。在具有图形界面的桌面版 Linux 系统中，GPU 模块的安装非常麻烦，需要对 NVIDIA 显卡驱动程序进行一些额外的配置，否则会出现无法登录等各种错误。以 Ubuntu 为例，在安装前进行以下 4 个步骤：①禁用系统自带的开源显卡驱动 Nouveau，在 /etc/modprobe.d/blacklist.conf 文件中添加一行 blacklist nouveau，使用 sudo update-initramfs-u 更新内核，并重启；②禁用主板的 Secure Boot 功能；③停用桌面环境，如 sudo service lightdm stop；④删除原有 NVIDIA 驱动程序，如 sudo apt-get purge nvidia。

在 Windows 环境中，直接访问 NVIDIA 官方网站，下载并安装对应型号的最新公版驱动程序即可。

安装好 GPU 驱动后，就开始安装 CUDA Toolkit 和 cuDNN。在 Anaconda 环境下可以使用命令：

```
conda install cudatoolkit=X.X
conda install cudnn=X.X.X
```

其中，X.X 和 X.X.X 分别为需要安装的 CUDA Toolkit 和 cuDNN 版本号，必须严格按照 Caffe 官方网站所说明的版本进行安装。

**2. 安装依赖库 Boost、BLAS、OpenCV**

安装依赖库主要参考官网：http://caffe.berkeleyvision.org/installation.html。

安装 Boost 命令为：

```
sudo apt-get install__no-install-recommends libboost-all-dev
```

安装 BLAS 命令为：

```
sudo apt-get install libatlas-base-dev
```

安装 OpenCV 命令为：

```
sudo apt-get install build-essential libgtk2.0-dev libavcodec-dev libavformat-dev libjpeg.dev libtiff4.dev libswscale-dev   libjasper-dev
```

安装其他依赖库命令：

```
(1)sudo apt-get install libgflags-dev libgoogle-glog-dev liblmdb-dev
(2)sudo apt-get install python-numpy python-scipy python-matplotlib ipython ipython-notebook python-pandas python-sympy python-nose
(3)sudo apt-get install libprotobuf-dev libleveldb-dev libsnappy-dev libopencv-dev libhdf5-serial-dev protobuf-compiler--fix-missing
```

### 3. 下载 Caffe 源代码并编译安装

访问 Github 下载 Caffe，地址为：https：//github. com/BVLC/caffe。

下载完成后，解开 Caffe 源码压缩包，打开目录，可以看到 Caffe 的源码包，如图 6-22 所示。

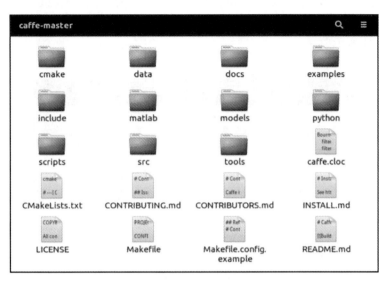

图 6-22　Caffe 源代码

在 Caffe 源代码文件夹中有一个 Makefile. config. example 文件，将其重命名为 "Make. config"，打开文件，可以看到如图 6-23 所示内容。

```
## Refer to http://caffe.berkeleyvision.org/installation.html
# Contributions simplifying and improving our build system are welcome!

# cuDNN acceleration switch (uncomment to build with cuDNN).
# USE_CUDNN := 1

# CPU-only switch (uncomment to build without GPU support).
# CPU_ONLY := 1

# uncomment to disable IO dependencies and corresponding data layers
# USE_LEVELDB := 0
# USE_LMDB := 0
# USE_OPENCV := 0

# To customize your choice of compiler, uncomment and set the following.
# N.B. the default for Linux is g++ and the default for OSX is clang++
```

图 6-23　Caffe 编译配置文件 Make. config 内容

可根据实际需要修改 Make. config 文件的内容，例如将把 "#CPU_ONLY：=1" 这一行的注释符号去掉改为 "CPU_ONLY：=1"，代表只使用 CPU 而不使用 GPU。如果没有特别的需求，则不需要对内容进行修改，只需要确认文件内容正常即可。确认好 Make. config 文件的内容后，使用命令"make all"就可以开始全自动编译了。由于开源版本修改的人比较多，可能会碰到一些小问题，例如某个文件目录下的某个文件找不到之类的问题，此时就需要先找到那个文件，然后将其放入对应目录。

编译完 Caffe 的源代码后，下一步就是编译 Python 的接口，Caffe 框架的 Python 接口与 PyTorch 非常类似，软件模块称为 pycaffe，编译命令为"make pycaffe"，编译好后，在 Caffe 源代码目录下，会多出一个 build 文件夹，里面还有一个 tools 文件夹，tools 文件夹的内容如图 6-24 所示。

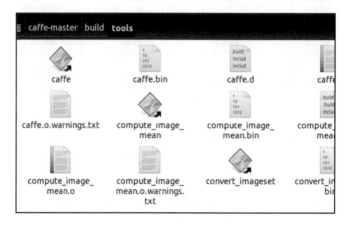

图 6-24　Caffe 的 Python 接口

至此，Caffe 的基本框架就建立起来了，可以开始进行基于 Caffe 的具体应用。

## 6.4.2　Caffe 的简单使用

几乎所有的深度学习框架都支持用 MNIST 进行 LeNet 的测试，Caffe 也不例外，下面就用 LeNet 进行测试。

（1）进入 Caffe 主目录，执行命令"sh data/mnist/get_ mnist. sh"，下载数据集；

（2）创建 Caffe 格式的数据，执行命令"sh examples/mnist/create_ mnist. sh"；

（3）开始启动训练，执行命令"./examples/mnist/train_lenet. sh"。

如果一切安装都正确，可以看到训练输出，如图 6-25 所示。

需要特别说明的是，LeNet 网络模型保存在 examples/mnist/lenet_train_test. prototxt 文件中，打开文件后可以看到整个网络的定义，也就是前面讲的各层定义。而模型优化定义放在 lenet_solver. prototxt 文件中，训练好的模型存放在 . caffemodel 文件中。

整体来讲，如果仅仅想使用 Caffe 设计好的框架实现神经网络，只需要做以下四步：

（1）准备好数据；

（2）写好模型配置文件；

（3）写好优化配置文件；

（4）执行训练命令。

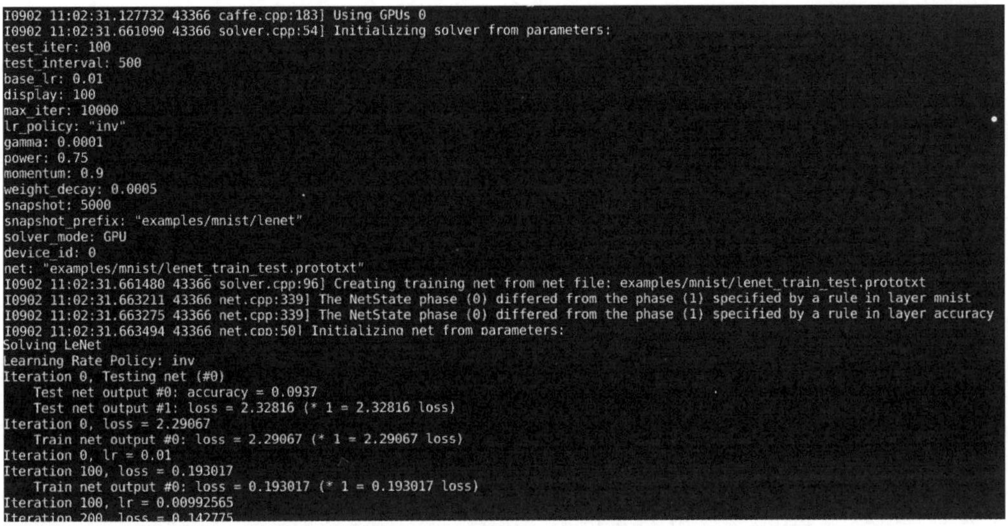

图 6-25  Caffe 的 LeNet 测试

## 6.4.3  Caffe 的组成与使用

Caffe 主要由 Blob，Layer，Net 和 Solver 这四个部分组成。

**1. Blob**

Blob 主要用来表示网络中的数据(通常是 Tensor 张量类型的数据)，包括训练数据，网络各层自身的参数(包括权值、偏置以及它们的梯度)，网络之间传递的数据都是通过 Blob 来实现的，同时 Blob 数据也支持在 CPU 与 GPU 上存储，能够在两者之间做同步。

**2. Layer**

Layer 是对神经网络中各种层的一个抽象，包括我们熟知的卷积层和下采样层，还有全连接层和各种激活函数层，等等。Caffe 层定义由两部分组成：层属性与层参数。每种 Layer 都实现了前向传播和反向传播，并通过 Blob 来传递数据，为进一步说明 Caffe 的 Layer，下面以 LeNet 为例进行介绍，LeNet 包括输入层、卷积层、池化层、全连接层、非线性层、准确率层和损失估计层等。

LeNet 在 Caffe 中的输入层定义为：

```
layer{
  name:"mnist"  //表示层名
  type: "Data"  //表示层类型
  top: "data"
  top: "label"
  include{
    phase:TARIN //表示在训练阶段起作用
  }
  transform_param{
```

```
        scale: 0.00390625      //将图像像素值归一化
    }
    data_param{
        source: "example/mnist/mnist_train_lmdb"
      batch_size: 64
      backend: LMDB
    }
}
```

**LeNet 在 Caffe 中的卷积层定义为:**

```
layer{
    name:"conv1"
    type: "Convolution"
    bottom: "data" //输入数据是 data
    top: "conv1" //输出卷积特征
    param{
      lr_mult: 1 //权重参数 w 的学习率
    }
    param{
      lr_mult: 2 //偏置参数 b 的学习率
    }
    convolution_param{
      num_output: 20
      kernel_size: 5
      weight_filler{
          type: "xavier" //权重参数 w 使用 xavier 初始化
      }
      bias_filler{
        type: "constant" //偏置参数 b 使用 constant 初始化,通常就是 0
      }
    }
}
```

**LeNet 在 Caffe 中的池化层定义为:**

```
layer{
    name:"pool1"
    type: "Pooling"
    bottom: "conv1"
    top: "pool1"
    pooling_param{
```

```
    pool: MAX
    kernel_size: 2
    stride: 2
  }
}
```

LeNet 在 Caffe 中的全连接层定义为：

```
layer{
  name:"ip1"
  type: "InnerProduct"
  bottom: "pool2"
  top: "ip1"
  param{
    lr_mult: 1
  }
  param{
    lr_mult: 2
  }
  Inner_product_param{
    num_output: 500
    weight_filler{
        type: "xavier"
    }
    bias_filler{
        type: "constant"
    }
  }
}
```

LeNet 在 Caffe 中的非线性层定义为：

```
layer{
  name:"relu"
  type: "Relu"
  bottom: "ip1"
  top: "ip1"
}
```

LeNet 在 Caffe 中的准确率层定义为：

```
layer{
  name:"accuracy"
  type: "Accuracy"
```

```
bottom: "ip2"
bottom: "label"
top: "accuracy"
include{
    phase: TEST
  }
}
```

LeNet 在 Caffe 中的损失估计层定义为：

```
layer{
  name: "loss"
  type: "SoftmaxWithLoss"
  bottom: "ip2"
  bottom: "label"
  top: "loss"
}
```

**3. Net**

Net 是对整个网络的表示，由各种 Layer 前后连接组合而成，也是我们所构建的网络模型。本质上是由一系列层组成的有向无环图（DAG），Caffe 保留了图中所有的中间值以确保前向和反向迭代的准确性。一个典型的 Net 开始于 Data Layer——从磁盘中加载数据，终止于 Loss Layer——计算如分类和重构这些任务的目标函数。Net 用的是一种文本建模语言，用 Net∷Init( ) 进行模型的初始化。初始化主要实现两个操作：创建 Blobs 和 Layers 以搭建整个网络图，以及调用 Layers 的 SetUp( ) 函数。初始化时也会做一些记录，例如确认整个网络结构的正确与否等。初始化期间，Net 会打印其初始化日志到 INFO 信息中。网络构建完之后，通过设置 Caffe∷mode( ) 函数中的 Caffe∷set_mode( )，即可实现在 CPU 或 GPU 上的运行。

**4. Solver**

Solver 定义了针对 Net 网络模型的求解方法，记录了网络的训练过程，保存网络模型参数，中断并恢复网络的训练过程，通过自定义 Solver 能够实现不同的网络求解方式。Caffe 的 Solver 参数通常保存在 solver. prototxt 文件里面，生成 solver. prototxt 的 Python 代码如下：

```
import os
from caffe.proto import caffe_pb2

s = caffe_pb2.SolverParameter()

path='/data'
solver_file=os.path.join(path,'solver1.prototxt')
```

```
s.train_net = path+'train.prototxt'
s.test_net.append(path+'val.prototxt')
s.test_interval = 782
s.test_iter.append(313)
s.max_iter = 78200

s.base_lr = 0.001
s.momentum = 0.9
s.weight_decay = 5e-4
s.lr_policy = 'step's.stepsize=26067
s.gamma = 0.1
s.display = 782
s.snapshot = 7820
s.snapshot_prefix = 'shapshot'
s.type = "SGD"
s.solver_mode = caffe_pb2.SolverParameter.GPU

with open(solver_file, 'w') as f:
    f.write(str(s))
```

## 6.5 其他框架

### 6.5.1 MXNet

MXNet 是由李沐等人领导开发的非常灵活、扩展性很强的框架，被 Amazon 定为官方框架，其特点为：同时拥有命令式编程和声明式编程的特点。在命令式编程上 MXNet 提供张量运算，进行模型的迭代训练和更新控制逻辑；在声明式编程中 MXNet 支持符号表达式，用来描述神经网络，并利用系统提供的自动求导功能来训练模型。MXNet 的性能非常高，推荐电脑配置不高的同学使用。

### 6.5.2 Paddle

Paddle 是百度开发的机器学习框架。Paddle( Parallel Distributed Deep Learning )是并行分布式深度学习的缩写。Paddle 整体使用起来与 TensorFlow 非常类似，拥有中文帮助文档，在百度内部被用于构建推理模型等任务。另外，Paddle 也有配套的可视化框架 Visual DL，与 TensorBoard 非常类似。

### 6.5.3 CNTK

CNTK 是微软开源的深度学习工具包，它通过有向图将神经网络描述为一系列计算步

155

骤。在有向图中，叶节点表示输入值或网络参数，而其他节点表示其输入上的矩阵运算。CNTK 允许用户非常轻松地实现和组合流行的模型，包括前馈（DNN）、卷积网络（CNN）和循环网络（RNN / LSTM）。与目前大部分框架一样，实现了自动求导，利用随机梯度下降方法进行优化。其特点包括：①CNTK 性能较高：按照其官方的说法，比其他的开源框架性能更高。②适合做语音处理：CNTK 本就是微软语音团队开源的，更合适做语音任务，使用 RNN 等模型，以及在时空尺度分别进行卷积非常容易。

### 6.5.4　MatConvNet

不同于各类深度学习框架广泛使用的语言 Python，MatConvNet 是用 MATLAB 作为接口语言的开源深度学习库，底层支持是 CUDA。其特点包括：集成在 MATLAB 中，所以调试的过程非常方便，完全使用 MATLAB 环境和语言，对于熟悉 MATLAB 的开发者非常容易适应。

### 6.5.5　DeepLearning4j

DeepLearning4j，简称 DL4J，是为 java 和 jvm 编写的开源深度学习库，支持各种深度学习模型，其特点包括：支持分布式，可以在 Spark 和 Hadoop 上运行，支持分布式 CPU 和 GPU 运行；DL4J 为商业环境，而非研究所设计的，因此更加贴近某些生产环境。

### 6.5.6　DarkNet

DarkNet 本身是 Joseph Redmon 为 YOLO 系列开发的框架，其特点包括：DarkNet 几乎没有依赖库，是从 C 和 CUDA 开始撰写的深度学习开源框架，支持 CPU 和 GPU。DarkNet 与 Caffe 有几分相似之处，却更加轻量级。

# 第 7 章  遥感影像分类检测与识别

## 7.1  影像分类 LeNet 实践

影像分类(Image Classification)是对影像内容进行识别分类的问题,通过对影像的纹理特征和光谱信息进行统计分析,将代表各地物信息的像元按一定算法规则划分为不同类别,从而在影像中获取与实际地物相同的类别信息。在分类过程中,区分影像中不同地物的理论依据是:在相同的光照、大气环境、地形以及植被覆盖等条件下,同一类的地物应具有相同或相似的光谱和空间纹理特征。因此同一种地表覆盖类型会表现出某种内在的相似性,在特征空间中具有相同像元特征向量的地表覆盖类型会聚集在一起。不同的地表覆盖类型因为不同的光谱特征和空间纹理特征将会表现出较大的类间差异性,从而将聚集在特征空间中的不同区域。

传统的分类,根据分类过程中人工参与程度可以分为非监督分类和监督分类。非监督分类和监督分类方法的主要区别在于是否有先验知识对分类判别方法进行训练。非监督分类在分类过程中不需要添加人为干预和任何先验知识,而仅仅对数据本身进行分析,通过数据的自然聚类进行分类。常用的非监督分类方法包括:$K$-均值算法和 ISODATA 算法等。监督分类是指通过对先验知识确定样本类别,根据典型样本进行训练学习的分类技术。监督分类要求训练样本具有代表性和典型性,利用样本特征参数,建立判别函数并确定未知样本以从分类图像中提取信息。常见的监督分类算法包括平行六面体(Parallelepiped)、最小距离(Minimum Distance)、马氏距离(Mahalanobis Distance)、最大似然(Likelihood Classification)、神经网络(NeuralNet Classification)、支持向量机(Support Vector Machine Classification)等。目前,基于特征分析和提取的遥感影像分类技术虽然在很多场景下取得了不错的效果,但是分类方法依赖特征表示,依赖专家知识,因此泛化能力较弱,无法适用于复杂的遥感影像。

相比传统方法,深度学习通过非监督式或半监督式的方式进行特征学习,以分层特征提取方式替代手工获取特征,无论是特征描述还是泛化能力都有本质的提升。基于深度学习的影像分类主要基于卷积神经网络 CNN 进行,根据分类粒度不同,通常包括目标分类和语义识别。显然目标分类比语义识别要简单得多,因此本节的主要内容为目标分类,也就是对影像块进行分类。

基于 CNN 的 LeNet 模型最初由 LeCun 等人于 1998 年提出,完美解决了手写体数字识别的难题。2012 年 AlexNet 将 ReLU(修正线性单元)作为神经网络的激活函数,在图像分类比赛(ImageNet 竞赛)中获得冠军,使得卷积神经网络的发展迈入新的台阶。卷积神经网络一般由输入层、卷积层、池化层、全连接层和输出层组成，基于图像的遥感影像目标分类采用卷积神经网络进行特征提取与分类，以影像块作为分类单元，划分出包含不同目标的影像块。

### 7.1.1　LeNet 概述

LeNet 是卷积神经网络的开山之作，也是将深度学习推向繁荣的一座里程碑。LeNet 首次采用了卷积层、池化层这两个全新的神经网络组件，在手写字符识别上取得了瞩目的准确率。LeNet 网络模型在 6.2.4 节"PyTorch 构建神经网络"中已经进行了详细讲解，这里不再重复。

### 7.1.2　LeNet 代码编写和数据准备

为了方便实验，本例拟在 D：盘中建立主目录 AI，再建立子目录 len5，我们将 LeNet 实验的所有数据和代码都放在 D：/AI/len5 目录中。

**1. 基本环境搭建**

首先安装 PyTorch 环境，具体安装方法请参见 6.2.1 节"PyTorch 环境搭建"。

**2. 数据准备**

MINIST 数据集直接通过编写下载数据的代码来获取。

**3. 代码编写与编译**

LeNet 的代码有很多版本，包括最初提出者 LeCun 也提供了多个不同版本，下面以 LeNet5 为例进行实现。LeNet5 基于 torch. nn 定义一个类 LeNet，并直接使用 MNIST 数据集进行训练，其中还添加了下载 MNIST 数据的代码。训练结束后，随机选择了 MNIST 数据集中的 6 个样本进行测试，并调用 matplotlib. pyplot 展示测试结果，为了方便读者阅读代码，代码中添加了大量解释说明语句。

```
# coding=utf-8(在源码开头声明编码,增强兼容性)
import torch              #导入 PyTorch 库
import torch.nn as nn   # torch.nn 库
import torch.nn.functional as F
import torch.optim as optim
import matplotlib.pyplot as plt

#torch.optim 主要包含了用来更新参数的优化算法,
#比如 SGD、AdaGrad、RMSProp、Adam 等。
from torchvision import datasets, transforms

#torchvision 包含关于图像操作的方便工具库。
#vision.datasets:几个常用的数据库,可以下载和加载数据;
#vision.models:包含几个流行的模型。
#vision.transforms:常用的图像操作,例如:随机切割,
```

```
#旋转,数据类型转换,图像转到 tensor,tensor 到图像等。
#vision.utils:用于把形似 (3×H×W) 的张量保存到硬盘中,
#给一个 mini-batch 的图像可以产生一个图像格网。


from torch.autograd import Variable
#torch.autograd.Variable 是 Autograd 的核心类,
#它封装了 tensor,并整合了反向传播的相关实现。


from torch.utils.data import DataLoader


print('= = = = AI Hello World！= = = = \n')
print('这是武汉大学遥感学院摄影测量方向综合实习-机器学习案例 \n')
print('By 段延松老师 \n')
print('使用方法:\npython lenet.py \n \n')


#PyTorch 中数据读取的一个重要接口是 torch.utils.data.DataLoader,
#该接口定义在 dataloader.py 脚本中,只要是用 PyTorch 来训练模型,
#基本都会用到该接口,
#该接口主要用来将自定义的数据读入系统中
#或者 PyTorch 已有的数据读取接口的输入按照 batch size 封装成 Tensor
#后续只需要再包装成 Variable 即可作为模型的输入
#下载训练集。在 PyTorch 下可以直接调用 torchvision.datasets 里面
#的 MNIST 数据集(这是官方写好的数据集类)。
train_dataset = datasets.MNIST(root ='../dat/mnist',
                                train =True,
                                transform=transforms.ToTensor(),
                                download =True)


#root(string):数据集的目录。'../dat/mnist' 的意思就是建立 dat/mnist 文件夹,
#把 dat 下的 MNIST 数据集加载进来。
#train 是可选填的,表示从 train.pt 创建数据集,
#就是进入训练数据集开启训练模式。
#transform 是选填的,接收 PIL 图像并且返回已转换版本。
#download 也是选填的,如果 true 就从网上下载数据集,
#并放在目录/dat 下,如果已经下载好了就不会再次下载。
#下载测试集
test_dataset = datasets.MNIST(root ='../dat/mnist",
```

```
                                    train=False,
                                    transform=transforms.ToTensor(),
                                    download=True)
```

```
# dataset 参数用于指定我们载入的数据集名称
#在装载的过程中会将数据随机打乱顺序并进行打包
batch_size = 64
```

```
# batch_size 参数设置了每个包中的图片数据个数
#装载训练集
train_loader = torch.utils.data.DataLoader(dataset = train_
dataset,
                                    batch_size=batch_size,
                                    shuffle=True)
```

```
#建立一个数据迭代器,在训练模型时使用到此函数,
#用来把训练数据分成多个小组,
#此函数每次抛出一组数据。直至把所有的数据都抛出。
#就是做一个数据的初始化。
#dataset——给出需要加载的数据来源,
#train_dataset 的类型是 torchvision.datasets.mnist.MNIST
#batchsize——选填,表示一次加载多少个数据样本,默认是 1 个
#shuffle——选填,true 就是每个 epoch 都会洗一下牌,默认是不洗牌
#装载测试集
test_loader = torch.utils.data.DataLoader(dataset=test_dataset,
                                    batch_size=batch_size,
                                    shuffle=True)
```

```
#建立网络结构,定义一个类 LeNet
#卷积层使用 torch.nn.Conv2d
#激活层使用 torch.nn.ReLU
#池化层使用 torch.nn.MaxPool2d
#全连接层使用 torch.nn.Linear
```

```
class LeNet(nn.Module):
#LeNet 类是从 torch.nn.Module 这个父类继承下来的,
#在__init__构造函数中申明各个层的定义,
#然后再写上 forward 函数,在 forward 里定义层与层之间的连接关系,
```

```python
#这样就完成了前向传播的过程。
    def __init__(self):
        super(LeNet, self).__init__()
#super(LeNet,self)__init__():在单继承中 super 主要是用来调用父类的方
法的,
    #而且在 python3 中可以用 super().xxx 代替 super(Class, self).xxx
        self.conv1 = nn.Sequential(nn.Conv2d(1, 6, 3, 1, 2), nn.ReLU
(),
                                    nn.MaxPool2d(2, 2))
#nn.Sequential 是一个顺序容器,将神经网络模块按照传入顺序
#依次添加到计算图中执行。
#Conv2D 的函数定义为:
#nn.Conv2d(self, in_channels, out_channels, kernel_size, stride
=1,
#             padding=0, dilation=1, groups=1, bias=True))

        self.conv2 = nn.Sequential(nn.Conv2d(6, 16, 5), nn.ReLU(),
                                    nn.MaxPool2d(2, 2))
        self.fc1 = nn.Sequential(nn.Linear(16 * 5 * 5, 120),
                                 nn.BatchNorm1d(120), nn.ReLU())
        self.fc2 = nn.Sequential(
            nn.Linear(120, 84),
            nn.BatchNorm1d(84),
            nn.ReLU(),
            nn.Linear(84, 10))
            #最后的结果一定要变为 10,因为数字的选项是 0 ~ 9


#定义前向传播算法
    def forward(self, x):
        x = self.conv1(x)
        x = self.conv2(x)
        x = x.view(x.size()[0],-1)
#x.view(x.size(0),-1)这句话是说将第二次卷积的输出
#拉伸为一行,接下来就是全连接层
        x = self.fc1(x)
        x = self.fc2(x)
        return x
```

```
#指定设备。"cuda:0"代表起始的 device_id 为 0,如果直接是"cuda",
#同样默认是从 0 开始。可以根据实际需要修改起始位置,如"cuda:1"。
device = torch.device('cuda' if torch.cuda.is_available() else
'cpu')

LR = 0.001    #LR 是学习率,这是一个推荐参数

#实例化 LeNet,也就是定义对象。to(device)代表将模型加载到指定设备上。
net = LeNet().to(device)

#损失函数使用交叉熵
criterion = nn.CrossEntropyLoss()

#优化函数使用 Adam 自适应优化算法
optimizer = optim.Adam(
    net.parameters(),
    lr=LR,
)

epoch = 1

#main 函数。
if __name__ == '__main__':
    print("开始用训练数据集学习 LeNet 模型参数 ... 学习次数:",epoch );
    for epoch in range(epoch):
        sum_loss = 0.0

        #调用 enumerate()函数遍历数据对象,
        #同时列出数据和数据下标。
        #data 里面包含图像数据(inputs)(tensor 类型的)和
        #标签(labels)(tensor 类型)
        for i, data in enumerate(train_loader):
            inputs, labels = data

            #注意使用多 gpu 时训练或测试
            #inputs 和 labels 需加载到 gpu 中。
            #模型和相应的数据进行 .cuda()处理,
            #就可以将内存中的数据复制到 GPU 的显存中去
```

```
        inputs, labels = Variable(inputs).cuda(), Variable
(labels).cuda()

        optimizer.zero_grad()   #每个 batch 开始时都需要将梯度归零

        #将数据传入网络进行前向运算,
        #也就是: 调用前面定义的类对象 net
        outputs = net(inputs)
        loss = criterion(outputs, labels)   #得到损失函数
        loss.backward()   #反向传播
        optimizer.step()  #通过梯度做一步参数更新

        #调用 item()方法是得到一个元素张量里面的元素值,
        #具体就是将一个零维张量转换成浮点数,
        #比如计算 loss,accuracy 的值
        sum_loss += loss.item()

        if i % 100 == 99:
            print('[%d,%d]loss:%.03f' %
                (epoch + 1, i + 1, sum_loss /100))
            sum_loss = 0.0

print("学习参数结束。\n");
print("开始使用测试数据集测试结果 ... \n");

#将模型变换为测试模式
#在 PyTorch 中进行 validation 时,会使用 model.eval()切换到测试模式,
#在该模式下,主要用于通知 dropout 层和 batchnorm 层
#在 train 和 val 模式间切换。
#在 train 模式下,dropout 网络层会按照设定的参数 p 设置
#保留激活单元的概率(保留概率=p);
#batchnorm 层会继续计算数据的 mean 和 var 等参数并更新。
#在 val 模式下,dropout 层会让所有的激活单元都通过,
#而 batchnorm 层会停止计算和更新 mean 和 var,
#直接使用在训练阶段已经学出的 mean 和 var 值。
#该模式不会影响各层的 gradient 计算行为,
#即 gradient 计算和存储与 training 模式一样,
#只是不进行 backpropagation。
```

```
    net.eval()
    correct = 0
    total = 0
    fig = plt.figure()      #用于显示结果
    i = 0
    for data_test in test_loader:
        images, labels = data_test
        test_img = images
        images, labels = Variable(images).cuda(), Variable(labels)
.cuda()
        output_test = net(images)

        #调用 torch.max 求最大值,其中这个 1 代表行,0 代表列。
        #不加"_",返回的是一行中最大的数,加"_",则返回一行中最大数的位置。
        _, predicted = torch.max(output_test, 1)

        total += labels.size(0)
        correct += (predicted == labels).sum()
        print("Test acc: {0}".format(correct.item() / len(test_
dataset)))

        #选择其中的 6 个图片进行显示,展示识别结果
        if (i==0):
            for j in range(6):
                plt.subplot(2,3,j+1)
                plt.tight_layout()
                plt.imshow(test_img[j][0],cmap='gray',interpolation=
'none')
                plt.title("pred={}".format(predicted[j]))
                plt.xticks([])
                plt.yticks([])
        i = 1
    plt.show()  #显示结果
    # 代码编写结束
```

本例拟将实验工作目录设定为 D：/AI/len5/cod。输入所有代码后，将代码存到 D：/AI/len5/cod/lenet.py 文件中，检查无误后就可以开始训练和评估了。

### 7.1.3 LeNet 模型训练和结果评估

LeNet 是一个轻量级的网络，根本不需要 GPU 等加速计算环境，在普通计算机(包括个人笔记本)中都可以运行和测试。在上面编写的代码中可以看到程序会下载训练数据集，因此测试运行的计算机需要连接网络。测试运行就是在命令行中执行以上程序代码，启动计算机的命令行窗口，使用 cd 命令进入保存代码的目录。如图 7-1 所示，本例实验工作目录设定为 D：/AI/len5/cod。

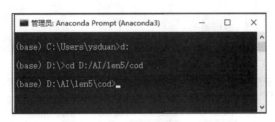

图 7-1　进入 LeNet 的工作目录

然后，输入执行 python 文件的命令：

```
python lenet.py
```

如果代码中有错误，系统将提示错误位置，并退出执行，此时需要改正代码，然后继续输入执行命令。如果代码没有错误，系统就开始训练，在训练结束后就会显示测试结果，训练命令执行如图 7-2 所示。

图 7-2　LeNet 训练执行情况

　　模型训练好后，程序中添加了随机测试代码，从数据集中随机选择了 6 张影像进行预测，并将预测结果用图形化界面显示，输出结果如图 7-3 所示。

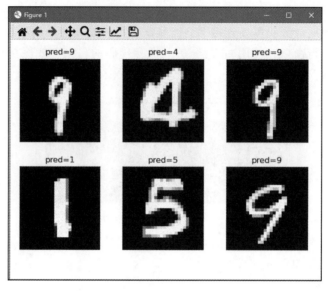

图 7-3　训练好的 LeNet 模型预测结果

## 7.1.4　LeNet 模型扩展练习

　　学习和实践了 LeNet 模型后，相信读者对神经网络模型已经有了一定的认识。为了便于进一步学习和体验，本节使用一个与 LeNet 非常类似的模型和数据集 Cifar10 开展目标分类。

　　Cifar10 数据集由 Hinton 的两个大弟子 Alex Krizhevsky、Ilya Sutskever 收集，主要用于普通物体识别。Cifar 是加拿大政府牵头投资的一个先进科学项目研究所。Hinton、Bengio 和他的学生在 2004 年拿到了 Cifar 投资的少量资金，建立了神经计算和自适应感知项目。这个项目结集了不少计算机科学家、生物学家、电气工程师、神经科学家、物理学家、心理学家，加速推动了 Deep Learning 的进程。Cifar10 由 60000 张 32×32 的 RGB 彩色图片构成，共 10 个分类，分别为飞机（airplane）、小汽车（automobile）、鸟类（bird）、猫（cat）、鹿（deer）、狗（dog）、蛙类（frog）、马（horse）、船（ship）和卡车（truck），如图 7-4 所示。

　　Cifar10 数据集中有 50000 张影像用于训练，10000 张影像用于测试（验证）。Cifar10 数据集与 MNIST 非常类似，最大差异是每个图片有 3 个通道，图片内容比 MNIST 更加复杂、包含更多的信息对类型识别造成影响。因此，不能直接使用 LeNet 网络进行识别，而需要一定的改进，参考 Alex Krizhevsky 等所提供的改良技术，改进网络我们称为 CifarNet，改进内容主要包括：

　　（1）对图片进行翻转、随机剪切等数据增强（Data Augmentation）；

　　（2）在卷积-最大池化层后面使用局部响应归一化（LRN）；

图 7-4 Cifar10 数据集内容

（3）采用修正线性激活（ReLU）、Dropout、重叠 Pooling。

CifarNet 网络结构如图 7-5 所示。

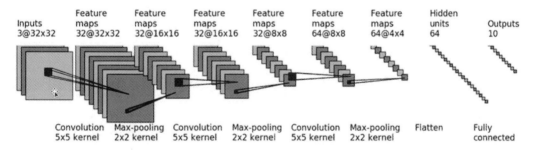

图 7-5 CifarNet 网络结构

CifarNet 网络的 PyTorch 代码为：

```python
import torch
from torch import nn
from torch.nn import Conv2d, MaxPool2d, Flatten, Linear
class CifarNet(nn.Module):
    def __init__(self):
        super(CifarNet, self).__init__()
        self.model1 = Sequential(
```

```
            Conv2d(3, 32, 5, padding = 2),
            MaxPool2d(2),
            Conv2d(32, 32, 5, padding = 2),
            MaxPool2d(2),
            Conv2d(32, 64, 5, padding = 2),
            MaxPool2d(2),
            Flatten(),
            Linear(1024, 64),
            Linear(64, 10) )
    def forward(self, x):
        x = self.model1(x)
        return x
```

下载数据和训练模型的 **Python** 代码为:

```
import torch
import torchvision
from torch import nn
from torch.utils.data import DataLoader
from torch.utils.tensorboard import SummaryWriter


#下载数据集,保存到 D:/AI/len5/dat/cifar 目录中
train_data = torchvision.datasets.CIFAR10 ( root = '../dat/cifar',
train = True,
        transform = torchvision.transforms.ToTensor(),
        download = True)
test_data = torchvision.datasets.CIFAR10 ( root = '../dat/cifar',
train = False,
        transform = torchvision.transforms.ToTensor(),
        download = True)
#下面是训练模型代码
model = CifarNet().cuda()   #声明模型对象
#损失函数
loss = nn.CrossEntropyLoss().cuda()
#优化器
optimizer  = torch.optim.SGD(model.parameters(),lr = 0.01,)
#开始循环训练
for epoch in range(30):   #循环 30 次
    print('开始第{}轮训练'.format(epoch+1))
    model.train()
```

```
for data in train_dataloader:
    imgs,targets = data #数据包含图片和类别
    imgs = imgs.cuda()
    targets = targets.cuda()
    output = model(imgs)   #引用模型
    loss_in = loss(output,targets)   #计算损失值
    #优化开始,梯度清零
    optimizer.zero_grad()
    #反向传播+更新
    loss_in.backward()
    optimizer.step()


accurate = 0
#直接用验证数据自我评估
model.eval()
with torch.no_grad():
    for data in test_dataloader:
        imgs, targets = data`
        imgs = imgs.cuda()
        targets = targets.cuda()
        output = model(imgs)
        accurate += (output.argmax(1) = = targets).sum()
print('第{}轮正确率:{:.2f}%'.format(epoch+1,accurate/len(test_
data)*100))
```

将模型和训练合并就可以直接进行实验,模型结果的测试验证请读者参照 LeNet 的代码进行。

LeNet 在 MNIST 和 Cifar10 两个数据集上的验证实验表明,LeNet 完全胜任目标分类的任务,然而这两个数据集都不是遥感影像数据集。为了进一步完成遥感影像目标分类的实验,本书作者特意收集整理大量遥感影像数据,形成了与 Cifar10 类似的遥感专用数据,并命名为 HelloRS 数据集,数据集放在武汉大学数字摄影测量与计算机视觉研究中心网站(dpcv. whu. edu. cn)的下载栏目中,请读者进入网站下载,数据集下载界面如图 7-6 所示。

HelloRS 数据集是由段延松课题组收集的遥感专用数据集,主要用于遥感目标分类的教学。数据集由 12800 张 32×32 的 RGB 彩色图片构成,共 10 个分类,分别为:水域(Waters)、森林(Forest)、农用地(CultivatedLand)、河流(River)、高速路(Highway)、高压线塔(Pylon)、游泳池(SwimmingPool)、网球场(TennisCourt)、篮球场(BasketballCourt)、足球场(FootballField),如图 7-7 所示。

图 7-6　遥感专用 HelloRS 数据集下载界面

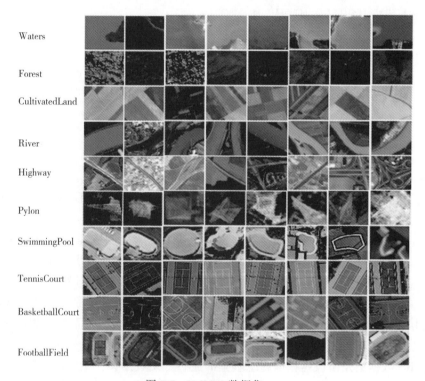

图 7-7　HelloRS 数据集

基于 HelloRS 数据集分类的代码请读者自己设计，数据集网站有作者写好的代码和运行的结果，读者可以参考。

## 7.2 目标检测 Faster R-CNN 实践

目标检测是计算机视觉领域的核心问题之一，其任务是对图片或者视频帧中的目标进行位置判定和类别判定。由于各类不同物体有不同的外观、姿态，以及不同程度的遮挡，加上成像受光照等因素的干扰，目标检测一直以来是一个很有挑战性的问题。

传统目标检测算法主要基于几何图形技术，关注点为特定目标的空间布局，模型较为简单。检测流程一般包含候选区域生成、特征提取和类别判断三个步骤。在候选区域生成阶段，算法旨在搜索目标可能在图像中出现的区域，这些区域也叫作感兴趣区域，一种直接的方法是通过滑动窗口扫描图像来产生大量的候选区域，然而这种方法的效率比较低，为此需要提出不同的改进算法。人们提出采用图像分割实现生成候选区域，典型方法包括最大类间方差法（OTSU）、图割方法、区域生长法等。在特征提取阶段，算法旨在提取候选区域的鲁棒性特征，使之能够应对复杂场景下的光照变化、尺度变换、旋转变换和遮挡等情况，代表算法有局部二值模式（Local Binary Patterns，LBP）、尺度和旋转不变（Scale Invariant Feature Transform，SIFT）、梯度直方图（Histogram of Oriented Gradient，HOG）、加速鲁棒特征（Speeded Up Robust Features，SURF）等。在类别判断阶段，算法旨在判断候选区域所属类别，针对小样本训练数据，支持向量机（SVM）通常被认为是最佳的分类器，此外一些经典的方法，比如 Boosting，Cascade 和 Bagging 等也被用于提升分类性能。传统的目标检测方法的局限性主要表现在三个方面：①在候选区域生成阶段产生了大量的候选框，然而许多候选框都是冗余和无效的，这加重了后续分类的计算负担，并且导致分类过程中出现大量的误检；②所使用的特征都是基于低级视觉信息手工设计的，难以适应复杂多变的场景；③检测算法是由多个子算法串联组成的，并且每一个子算法都是单独设计和优化的，无法得到整个系统的全局最优解。

随着高性能计算机和大规模公共数据集的出现，深度学习得到了快速的发展。特别是卷积神经网络对图像特征的提取取得了令人惊叹的效果，使得机器视觉的检测无论在检测精度还是效率上，都有了巨大提高。卷积神经网络也从最早的 LeNet 逐渐发展至 VGG 系列及 Inception 系列。2013 年 R-CNN 算法的提出，实现了对同期其他传统目标检测算法在准确性上的巨大领先，引发了大量讨论，并随着更多针对深度学习的研究，逐步发展形成了多种如 SSD、YOLO、Faster R-CNN 等优秀的神经网络算法。

### 7.2.1 Faster R-CNN 概述

Faster R-CNN 由 Ross B. Girshick 在 2016 年提出。该算法是在 Fast R-CNN 算法上进行改进的，最重要的改进策略是抛弃了选择性搜索（Selective Search），转而使用 RPN（Region Proposal Network）网络算法生成候选框。RPN 将特征抽取（Feature Extraction）、Proposal 提取、Bounding box regression（Rect Refine）和 Classification 整合在一起，实现提取各种尺度和宽高比的候选框。RPN 与后续目标检测共享卷积特征，使得整个检测过程更加流畅，整体速度得到了显著提升，整个目标检测过程构成一个端到端的完整流程。

全面了解 Faster R-CNN 得从 R-CNN（Region-CNN）开始。R-CNN 的全称是区域卷积神

经网络，于 2014 年被 Ross Girshick 提出，是第一个成功将深度学习应用到目标检测上的算法，在 PASCAL VOC 的目标检测竞赛中折桂。

R-CNN 遵循传统目标检测的思路，同样采用提取框，对每个框按照提取特征、图像分类、非极大值抑制三个步骤进行目标检测。只不过在提取特征这一步，将传统的特征(如 SIFT、HOG 特征等)换成了深度卷积网络提取的特征。R-CNN 处理过程如图 7-8 所示。

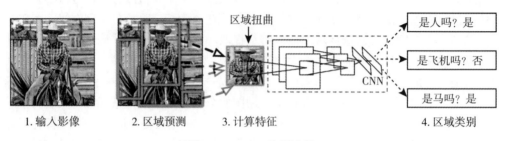

图 7-8　R-CNN 处理过程

(1)输入影像：输入任意大小的原图。

(2)区域预测：在原图上使用 Selective Search 方法产生一些感兴趣的区域(约 2000 个区域)，也就是可能含有目标的区域。

(3)计算特征：将产生的候选区域缩放到一个固定大小，因为神经网络的输入是固定的，卷积操作的输入可以不固定，全连接层的输入大小是固定的，这也是后面几个模型会改进的。将缩放后的图像输入一个经过预训的 CNN 网络(这个网络可以是现成的模型，然后微调即可)，CNN 网络会提取出固定维度的特征向量。

(4)区域类别：将提取到的特征向量输入 $k$ 个预先训练好的 SVM 分类器($k$ 是类别总数，每个都是二分类器)，识别出区域中的目标是什么(这样就找到了目标的位置)之后会对位置和边框大小进行调整。

借助于深度神经网络强大的特征提取能力，R-CNN 大幅提升了目标检测的性能，其在 PASCAL VOC 通用目标检测竞赛中取得了优于传统目标检测方法的性能。不过，R-CNN 存在两个明显的缺点：①目标候选框生成、目标特征提取、SVM 分类器以及窗口回归这四个过程是相互独立的，需要分别进行优化，训练过程非常耗时；②深度网络需要在所有提取到的目标图像块上进行计算，底层目标特征需要重复提取，计算效率低下。针对这两个问题，R-CNN 原作者 Ross Girshick 提出了 Fast R-CNN。Fast R-CNN 借鉴 SPP Net 的做法，首先使用深度网络获取图像特征谱，然后根据目标候选框在图像特征谱上使用 ROI-Pooling 操作获取目标特征，避免了 R-CNN 中对候选目标区域的形变操作造成的目标信息失真的问题，同时能够在不同的目标候选框之间共享底层特征提取过程，提高计算效率。ROI-Pooling 之后，Fast R-CNN 使用全连接层实现目标分类置信度和窗口定位结果的预测。Fast R-CNN 把特征提取和检测输出整合到 CNN 网络内部，因此这两个任务能够在训练阶段被联合优化，相比 R-CNN 的训练过程更加高效。但是，Fast R-CNN 的目标候选区域的生成仍然依赖 Selective Search 算法，为彻底解决这一问题，原作者设计了目标候选框网络 RPN，并改进出了 Faster R-CNN。Faster R-CNN 的主要特点是采用了 RPN，将候选框的获取合并到神经网络中，大幅提升了整体性能，其网络整体结构如图 7-9 所示。

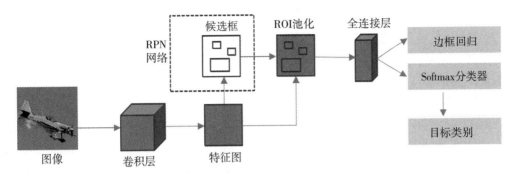

图 7-9　Faster R-CNN 网络结构

其中，RPN 网络结构如图 7-10 所示。

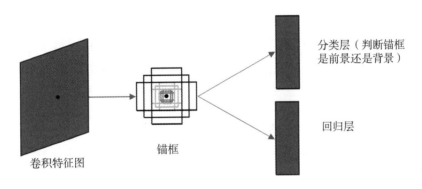

图 7-10　RPN 网络结构

Faster R-CNN 由四个部分组成：

（1）卷积神经网络。其输入为整幅图，输出为卷积特征图。首先对输入图片做预处理操作，使得输入信息能够大多分布在坐标系原点周围，以减少取值范围的不同而产生的误差。然后将图片送入卷积神经网络进行特征的提取。生成的特征图被后来的 RPN 网络以及全连接层共享。

（2）区域生成网络。输入为特征图，输出为多个候选框。将（1）中生成的最终特征图输入 RPN 网络中，使用滑动窗口的方式生成候选框，每张图大约生成 300 个候选框。每个滑动窗口的位置会产生一系列锚框，之后使用 Softmax 进行锚框的筛选，并对候选框进行微调。

（3）ROI 池化。输入为特征图和候选框，输出为统一尺寸的候选框。将得到的特征图和候选框输入该层中，则可以得到尺度一致的候选框特征图。ROI 池化层的主要作用就是将不同尺度的输入转换为特定尺度的输出，再输入到全连接层得到特征向量。

（4）Softmax 分类和边框回归。将（3）中得到的结果送入 Softmax 分类器中进行目标分类，同时使用回归操作获得目标最终的位置。

## 7.2.2　Faster R-CNN 代码编写和数据准备

为了方便实验，本例拟在 D 盘中建立主目录 AI，再建立子目录 rcnn，我们将 Faster R-CNN 实验所有数据和代码都放在 D：/AI/rcnn 目录中，其中代码放在 cod 子目录中，训练数据集放在 dat 子目录中。

### 1. 基本环境搭建

首先安装支持 GPU 加速的 PyTorch，具体安装方法请参见第 6.2.1 节"PyTorch 环境搭建"。其中需要特别注意的是一定要确认显卡驱动的 Cuda 版本，在安装 PyTorch 的时候，选择对应的 Cuda 版本号。如果无法确认自己的显卡驱动 Cuda 版本，最简单的方法是前往 NVIDIA 官网，重新下载并安装显卡驱动，同时记录所安装的版本号。然后，再前往 PyTorch 官网，在安装推荐中选择对应的 Cuda 版本，在命令行中输入推荐的 conda 命令进行安装。

除了安装 PyTorch，Faster R-CNN 网络还需要如下依赖包：

1）Cuda 的 C++编译器

从 Faster R-CNN 网络模型可以看到，模型较为复杂，计算量比较大，必须用 GPU 进行加速，否则要消耗相当长的时间（通常为几天）进行模型训练。为此，一定要安装 Cuda，此外处理代码中还使用了部分 C/C++语言代码，因此还要安装 C++编译器，推荐使用 VS2019 编译器。安装 VS2019 编译器的过程为：

（1）首先到微软的官网，找到 VS2019 的下载位置：https：//visualstudio. microsoft. com/zh-hans/vs/older-downloads/。

VS2019 的下载页面如图 7-11 所示。

图 7-11　VS2019 下载页面

（2）等待下载完成后，运行安装程序，在安装界面中选择安装选项，推荐选择 Python 开发、使用 C++的桌面开发和通用 Windows 平台开发，如图 7-12 所示。

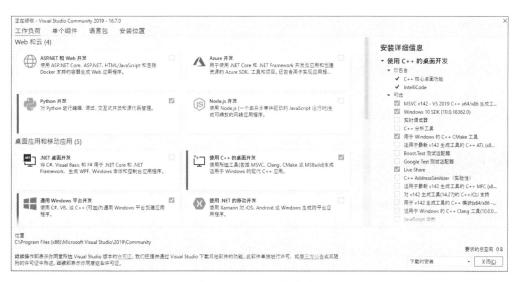

图 7-12  VS2019 安装选项

（3）在安装完成后，可以在 Windows 的开始菜单中看到安装好的 VS2019 菜单项，里面必须包含"x64 Native Tools Command Prompt for 2019"这一项，如图 7-13 所示。

图 7-13  安装好的 VS2019 菜单

2）Cython

Cython 是一个轻量级语言，是 Python 用于扩展 Python 实现 C 接口的工具包。Cython 可以把用 Cython 语法编写的代码编译成 C 语言，然后用 C 语言编译器如 MSVC、 cythonize 等编译为 pyd( Linux 下是 SO )动态库,在 Python 中可以直接使用 import。可以将 Cython 理解为用 C 语言实现 Python 函数的工具。使用命令行辅助工具 Conda 安装 Cython 的命令为:

```
conda install cython
```

3)Cffi

Cffi 与 Cython 非常像,也是实现 C 语言与 Python 语言相互调用的工具,Cffi 主要用于将具有 C 函数接口(有 . h 文件)的动态库,直接连接到 Python 环境中,让 Python 像用自己的模块一样引入其他语言编译的库。使用命令行辅助工具 Conda 安装 Cffi 的命令为:

```
conda install cffi
```

4)OpenCV-Python

在 Python 扩展中介绍过 OpenCV-Python,它是计算机视觉库 OpenCV 的 Python 接口版本。使用命令行辅助工具 Conda 安装 OpenCV-Python 的命令为:

```
conda install opencv-python
```

5)SciPy

在 Python 扩展中介绍过 SciPy,它是一个开源的 Python 算法库和数学工具包,实现了最优化、线性代数、积分、插值、特殊函数、快速傅里叶变换、信号处理和图像处理、常微分方程求解和其他科学与工程中常用的计算。使用命令行辅助工具 Conda 安装 SciPy 的命令为:

```
conda install scipy
```

6)Msgpack

Msgpack 是 Python 用于数据交换的一个接口,与 JSON 非常类似,可以将程序中的数据编码为数据串流,也提供将数据流解码回来的功能,通常用于不同程序之间交换数据。使用命令行辅助工具 Conda 安装 Msgpack 的命令为:

```
conda install msgpack
```

7)Easydict

Easydict 是 Python 语言中用于实现查"字典"功能的包,查"字典"功能与 C 语言中的 Map 非常类似,即在表形数据中通过关键字直接获取数据项。例如可以用 a[ 'english'] 获取数组 a 中的关键字为 'english' 的项。使用命令行辅助工具 Conda 安装 Easydict 的命令为:

```
conda install easydict
```

8)Matplotlib

在 Python 扩展中介绍过 Matplotlib 是 Python 绘图模块。使用命令行辅助工具 Conda 安装 Matplotlib 的命令为:

```
conda install matplotlib
```

9)PyYAML

PyYAML 是 Python 解析 YAML 格式数据的解析器,就如同 XML 格式一样,YAML 也是一种文件格式,通常用于数据交换(Python 中也有 PyXML 模块,用于读写 XML 格式数据，不过这里不需要）。使用命令行辅助工具 Conda 安装 PyYAML 的命令为：

```
conda install pyyaml
```

10）TensorBoardX

在 TensorFlow 可视化中介绍过 TensorBoard 是 TensorFlow 的图形化展示模块，可以通过 Web 展示网络模型、计算图、训练结果、预测分析等。使用命令行辅助工具 Conda 安装 TensorBoardX 的命令为：

```
conda install tensorboardX
```

如果想一次安装多个依赖库，Conda 提供了一个批安装功能，先将要安装的所有依赖库写入一个文件，例如"requirements. txt"，然后将所有安装扩展包输入，每行输入一个扩展包的名称，上面 10 个扩展包可以形成如下文件：

```
cython
cffi
opencv-python
scipy
msgpack
easydict
matplotlib
pyyaml
tensorboardX
```

然后在 Conda 命令中，输入命令"conda install -r requirements. txt"，此时 Conda 将会按照输入的安装包逐个安装好它们。

**2. 数据准备**

Faster R-CNN 的训练数据集采用 PASCAL VOC 挑战赛数据集。PASCAL VOC 挑战赛是视觉对象分类识别和检测的一个基准测试，提供了检测算法和学习性能的标准图像注释数据集和标准的评估系统。从 2005 年至 2012 年，该组织每年都会提供一系列不同类别的、带标签的图片，挑战者通过设计各种精妙的算法，仅根据分析图片内容来将其进行分类，最终通过准确率、召回率、效率来一决高下。如今，挑战赛和其所使用的数据集已经成为检测领域普遍接受的一种标准。更多的自述和背景故事可以参见官方网站提供的说明文件，挑战赛官网为：http：//host. robots. ox. ac. uk/pascal/VOC/index. html。

官网提供了每年更新的数据集的版本，格式都一样，就是数据集内容变多了。该数据集每张图片都有标注，标注的物体包括人、动物、交通工具、家具在内的 20 个类别，具体类别为：

```
Person: person
Animal: bird, cat, cow, dog, horse, sheep
Vehicle: aeroplane, bicycle, boat, bus, car, motorbike, train
Indoor: bottle, chair, dining table, potted plant, sofa, tv/monitor
```

20 个类别的具体编号如表 7-1 所示。

表 7-1 VOC2007 的物体编号

| aeroplane = 1 | bicycle = 2 | bird = 3 | boat = 4 | bottle = 5 |
|---|---|---|---|---|
| bus = 6 | car = 7 | cat = 8 | chair = 9 | cow = 10 |
| diningtable = 11 | dog = 12 | horse = 13 | motorbike = 14 | person = 15 |
| pottedplant = 16 | sheep = 17 | sofa = 18 | train = 19 | tvmonitor = 20 |

每个图像平均有 2.4 个目标，所有的标注图片都有类别标签，但只有部分数据有矢量范围标签。根据官网提供的信息，完全开放的数据集是 VOC2007，其中包含 9963 张标注过的图片，由训练、验证、测试三部分组成，共标注出 24640 个物体。VOC2007 之后的数据集没有完全公布所有信息，只有图片，没有标签。

本实验采用 VOC2007 数据集，先在官网下载数据集，VOC2007 数据集下载地址：http：//host. robots. ox. ac. uk/pascal/VOC/voc2007/index. html。

数据集官网页面如图 7-14 所示。

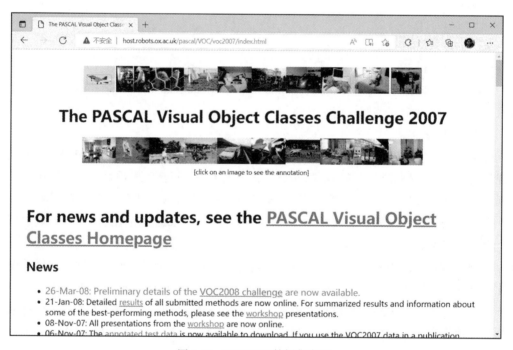

图 7-14 VOC2007 数据集官网

在页面中往下翻，找到"Development Kit"，选择"training/validation data"，点击下载数据，如图 7-15 所示。

下载完成后，将数据解压到我们设定的 Faster R-CNN 工作目录的数据子目录"D：/

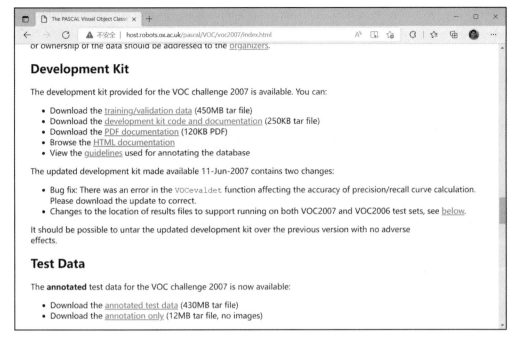

图 7-15　VOC2007 下载链接

AI/rcnn/dat"中，就可以看到如图 7-16 所示数据文件。

图 7-16　VOC2007 数据集内容

为了确保数据集是正确和完整的，可以查看每个子目录的内容，Annotations 子目录中保存的是 xml 格式的数据，ImageSets 里面保存的是 txt 格式的数据描述，JPEGImages 里面保存的是图片，SegmentationClass 和 SegmentationObject 里面保存的是影像类型掩膜文件，也就是背景涂黑、目标涂色的图片。

**3. 代码编写与编译**

根据 Faster R-CNN 概述的介绍，可以自己设计网络模型，并编写代码实现其功能。不过自己编写所有代码，工作量有点大，可以在 github 上下载已有代码，然后根据自己的实际情况进行修改，这样比较高效和方便。本例拟直接下载 Jianwei Yang 设计的 Faster

R-CNN代码进行修改，下载地址为：https：//github. com/jwyang/faster-rcnn. pytorch/tree/
pytorch-1. 0。

下载网页如图 7-17 所示。

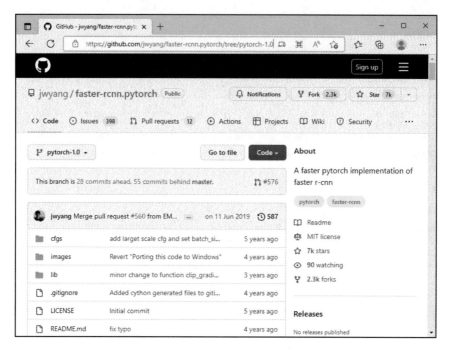

图 7-17　从 github 上下载 Faster R-CNN 的页面

在图 7-17 所示页面中，可以直接选择 Code 下载压缩包，下载完成后，将数据解压到
Faster R-CNN 工作目录的代码子目录"D：/AI/rcnn/cod"中，就可以看到如图 7-18 所示代
码文件。

在代码文件目录中，cfgs 子目录是保存网络模型运行参数数据的；lib 子目录保存的
是网络模型源代码，需要根据实际情况进行修改；images 子目录用于保存测试原图片和处
理结果图片。在代码目录中，trainval_net. py 文件是训练运行的主程序，也是我们需要重
点阅读和修改的程序代码；demo. py 文件是测试运行的主程序，通过 demo. py 程序，可以
对目标影像进行目标检测，这个也是我们重点阅读和修改的程序代码。此外代码中的
README. md 是所有代码的说明文件，对我们相当重要，只有认真阅读文件内容才能了解
所有代码的功能和关系。在训练中，代码目录中会多出来 models 子目录，models 子目录
是用于保存模型训练结果的，也就是通过训练学习出来的各层卷积核数据。

由于 Faster R-CNN 的代码不全是 Python，其中还包括 Cuda 的 C 代码，因此要先用
MSVC 编译 C 代码，将其编译为 pyd 动态库，然后才可以进一步用 Python 修改。如果对 C
语言不熟悉，这一步编译 C 代码是有困难的。下载的 Faster R-CNN 代码 lib 目录中有一个
setup. py 的 Python 程序，这个程序可以帮助我们完成 C 代码的编译。程序仅仅是调用

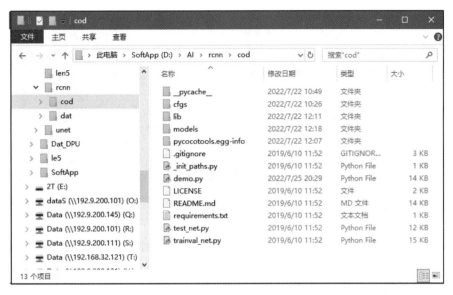

图 7-18　Faster R-CNN 代码文件

MSVC 的编译命令，对于提示的任何错误信息，程序是无能为力的，需要我们根据信息修改 C 代码，具体过程如下：

（1）启动 VS2019 的命令行界面。在系统开始菜单中找到 VS2019 菜单项，选择其中的"x64 Native Tools Command Prompt for 2019"进入命令行界面，如图 7-19 所示。

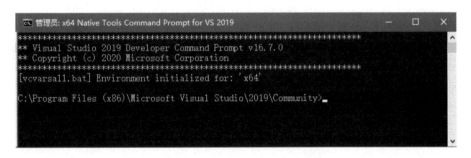

图 7-19　VS2019 的命令行界面

（2）用 cd 目录将当前目录修改为 D：/AI/rcnn/lib，先用 set 命令设置 MSVC 的环境变量，然后用 Python 执行 setup. py 程序，命令行分别为：

set DISTUTILS_USE_SDK=1

python setup.py build develop > bud.log

实际处理过程如图 7-20 所示。

在第一个命令行中，最后结尾是"> bud. log"，其含义是将输出的信息直接写入

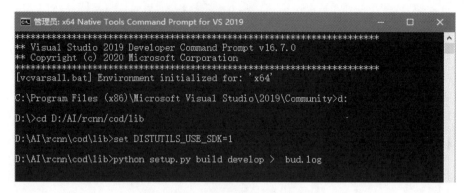

图 7-20　VS2019 编译 C 代码界面

bud. log 文件，这样做的目的是可以方便阅读输出信息，否则输出信息的屏幕会快速滚动，无法看清到底输出了什么信息。在程序运行结束后，在 lib 目录中会发现 bud. log 文件，用记事本打开就可以看到所有输出信息，如图 7-21 所示。

图 7-21　VS2019 编译 C 代码输出信息

在信息中，我们看到有一些编译错误，典型错误有两个，分别是：

D:/AI/rcnn/cod/lib/model/csrc/cuda/ROIAlign_cuda.cu(275): error: no instance of function template "THCCeilDiv" matches the argument list argument types are：(long long, long)

　　D:/AI/rcnn/cod/lib/model/csrc/cuda/ROIAlign_cuda.cu(275)：error：no instance of overloaded function "std::min" matches the argument list argument types are：(<error-type>, long)

　　根据 C 语法和 C 语言编程经验，可以推断这属于函数 THCCeiDiv 和函数 std::min 传入的参数类型不匹配，错误的代码位于文件"D:/AI/rcnn/cod/lib/model/csrc/cuda/ROIAlign_cuda.cu"的第 275 行。为了更正错误，只能打开 C 语言源代码进行检查和修改。打开代码找到 275 行，如图 7-22 所示。

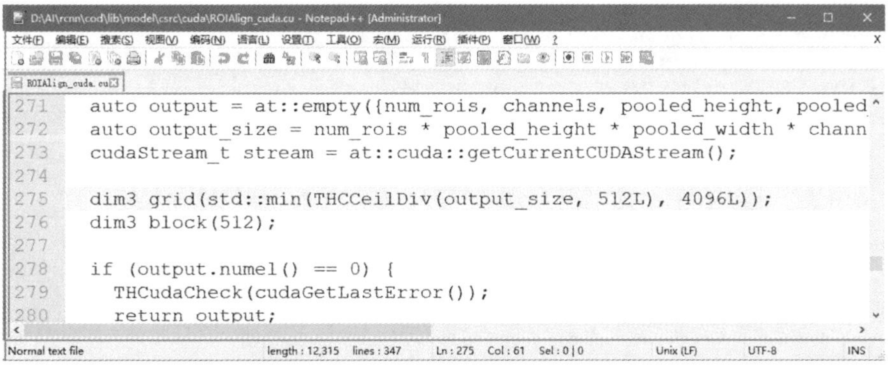

图 7-22　VS2019 报错的 C 语言源代码

　　通过阅读代码，结合 VS2019 中 C 语言语法规则，容易知道 512L 和 4096L 是 LONG 类型的数据，属于 32 位整型数，而 THCCeilDiv( ) 函数需要的是 64 位整型数，512 和 4096 的 64 位整型数的正确语法应该是 512LL 和 4096LL，确认代码的确有问题后，我们将两份 C 代码："D:/AI/rcnn/cod/lib/model/csrc/cuda/ROIAlign_cuda.cu""D:/AI/rcnn/cod/lib/model/csrc/cuda/ROIPool_cuda.cu"中所有表达 64 位整型数的位置全部修改好(共 4 处)并保存文件，再次编译，再次检查 bud.log 文件，这次未发现错误，编译成功，最后的信息如图 7-23 所示。

　　编译好 C 代码后，后面就是修改和编译 Python 代码。Python 代码的问题主要是修改训练数据路径以及与本地 PyTorch 环境的兼容性。通过阅读 README.MD 文件可以知道，开始训练的命令是：

python trainval_net.py--dataset pascal_voc--net vgg16--bs 24--lr 1e-4--cuda

　　--dataset：用于指定用什么数据集，这里用 pascal_voc；

　　--net：用于指定用什么网络架构，这里用 vgg16；

　　--bs：用于指定批处理样本量，这里用 24 张影像，如果计算机 GPU 显示内存比较少，需要将这个值改小，例如改为 10 张；

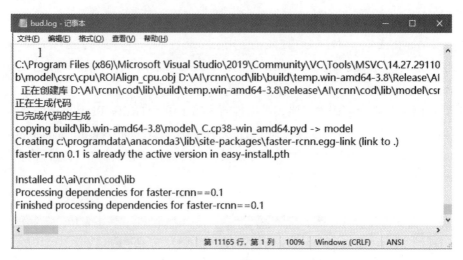

图 7-23　VS2019 编译 C 代码成功

--lr：用于指定学习率，这里用万分之一"1e-4"；

--cuda：用于指定是否支持 GPU，这里选择使用 GPU。

用于测试模型的命令是：

```
python demo.py--net vgg16--checksession 1--checkepoch 6--checkpoint
5010
--cuda--load_dir  D：\AI \rcnn \cod \models--image_dir D：\AI \rcnn \dat \
test-images
```

--net：用于指定网络架构，这里用 vgg16；

--checksession：Session 序号，用于指定测试模型的版本；

--checkepoch：Epoch 序号，用于指定测试模型的版本；

--checkpoint：checkpoint 序号，用于指定测试模型的版本；

--cuda：用于指定是否支持 GPU，这里指定用 GPU；

--load_dir：用于指定训练好的模型路径；

--image_dir：用于指定测试影像的文件目录，目录中的所有影像都会被测试。

为了确认 Faster R-CNN 的 Python 代码是否存在兼容性问题和依赖库是否都已经安装，最简单的方法就是执行 Python 程序，程序有任何问题都会提示出来。先尝试执行训练程序，在命令行中输入命令：

```
python trainval_net.py--dataset pascal_voc--net vgg16--bs 24--lr 1e-
4--cuda
```

系统提示_mask 出错，详细信息如图 7-24 所示。

信息表明：由于找不到 _mask 包，import _mask 失败了。出错的 Python 代码文件是 D：\AI\rcnn\cod\lib\pycocotools\mask. py，此时只能检查 mask. py 相关代码。在 mask. py 所在目录 D：\AI\rcnn\cod\lib\pycocotools\中我们可以看到如图 7-25 所示内容。检查发现的确没有_ mask 包，只有_ mask. c 文件，显然这里引用的是第三方库，而且是通过 C 接口引用

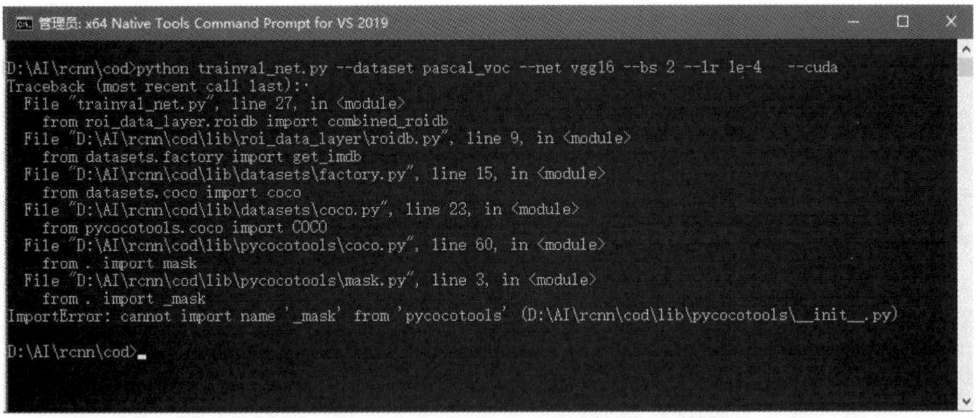

图 7-24  Faster R-CNN Python 代码_mask 报错

的，为此需要找到第三方库放到这里。通过分析查阅资料可知，这里需要 COCO API 库，那就只能先找 COCO API 库下载。

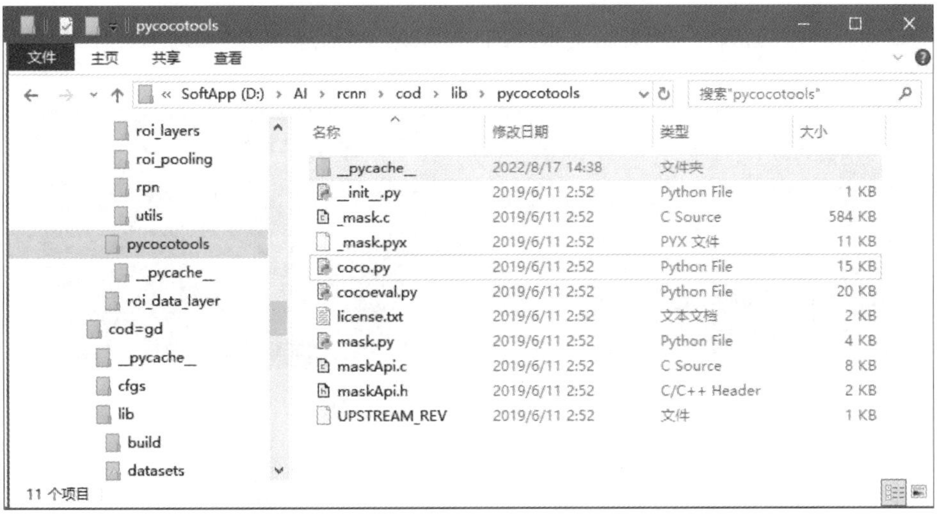

图 7-25  mask. py 文件所在目录内容

COCO API 库的开源库在 github 中的地址为：https://github. com/cocodataset/coco api。进入下载页面后，可看到如图 7-26 所示内容。

选择 Code 下载文件，解压并将文件放到 D:\AI\rcnn\cod\lib\pycocotools\ COCO API 目录中,阅读里面的 ReadMe. txt 文件可知,需要编译 COCO API 子目录 PythonAPI 的内容,才能得到_ mask 包。启动 VS2019 命令行，使用 cd 命令进入目录 D:\AI\rcnn\cod\lib\pycocotools\COCO API\PythonAPI 中，输入命令：

```
python setup.py install
```

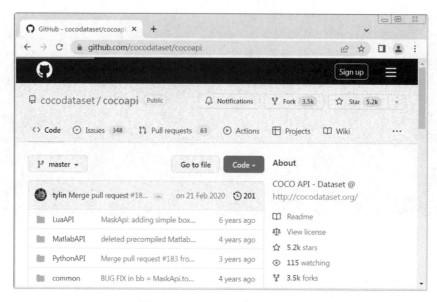

图 7-26　COCO API 库下载页面

就会看到正在编译的情况，并输出了很多信息，最后的信息如图 7-27 所示。

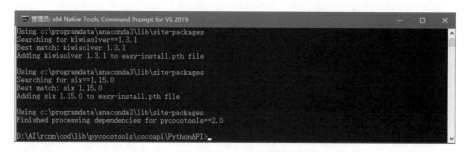

图 7-27　编译 COCO API 输出的信息

　　完成 COCO API 的编译后，还要将编译好的 xxx. pyd 文件复制到 _mask 包所在的目录 D：\AI\rcnn\cod\lib\pycocotools 里面。编译好的 _mask. cp38-win_amd64. pyd 文件可以在 PythonAPI\build\lib. win-amd64-3. 8\pycocotools 目录中找到。解决好 _mask 包问题后，用 cd 命令继续回到 D：\AI\rcnn\cod\ 目录中，再次执行命令：

```
python trainval_net.py--dataset pascal_voc--net vgg16--bs 24--lr 1e-
4--cuda
```

系统再次提示 imread 出错，详细信息如图 7-28 所示。

　　信息表明在 scipy. misc 包中找不到 imread 函数，出错的 Python 代码文件是 D：\AI\ rcnn\cod\lib\roi_data_layer\minibatch. py 第 15 行。经过核实查询资料后了解到 scipy. misc 接口有变动，imread 函数不再从 scipy. misc 包引入，而是换成了 imageio 包，因此需要将

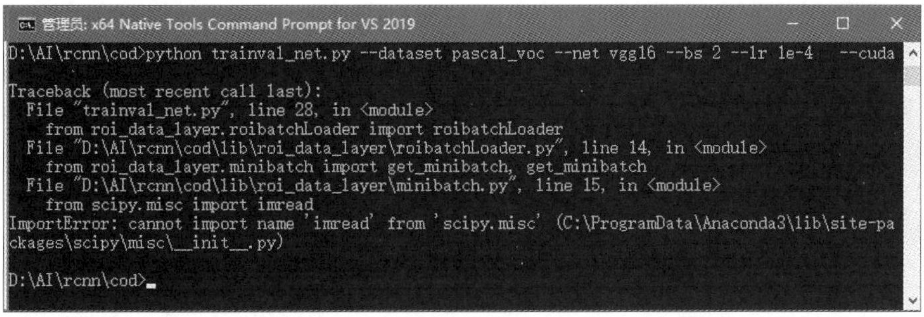

图 7-28 Faster R-CNN Python 代码 imread 报错

语句"from scipy. misc import imread"改为"from imageio import imread"，同时在 D：\AI\rcnn\cod\demo. py 程序代码中也发现有"from scipy. misc import imread"语句，一并修改为"from imageio import imread"。保存修改结果后，再次执行命令：

```
python trainval_net.py--dataset pascal_voc--net vgg16--bs 24--lr 1e-4--cuda
```

系统再次报错，提示找不到 VOC2007 数据，详细信息如图 7-29 所示。

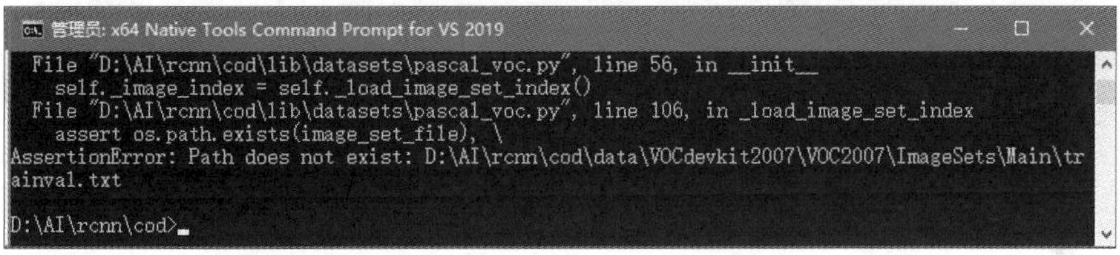

图 7-29 Faster R-CNN Python 代码 VOC2007 报错

找不到 VOC2007 数据的错误是意料中的，我们还没有修改数据路径，肯定是找不到数据的，我们将数据放在 D：\AI\rcnn\dat 目录中，但 Faster R-CNN Python 代码中并没有修改，此时只需要在代码中修改 VOC2007 的路径就可以了。读取 VOC2007 数据的代码在 D：\AI\rcnn \ cod \ pascal _ voc. py 文件中，我们打开文件可以看到读写数据的代码为：

```
class pascal_voc(imdb):
    def __init__(self, image_set, year, devkit_path=None):
        imdb.__init__(self, 'voc_' + year + '_' + image_set)
        self._year = year
        self._image_set = image_set
        self._devkit_path = self._get_default_path() if devkit_path is None \
            else devkit_path
        self._data_path = os.path.join(self._devkit_path, 'VOC' + self._year)
```

其中,def \_\_init\_\_(self,image\_set,year,devkit\_ path = None)的 devkit\_ path 就是 VOC2007 数据路径,最简单的方法是直接修改这一句,将数据路径放入,如果想让程序灵活一点,也可以设置运行参数,并将参数传递进来。本例就用最简单的方法直接修改路径,其他方法请读者自己实现。将这一句代码修改为:

```
def __init__(self,image_set,year,devkit_path='D:/AI/rcnn/dat/')
```

保存修改后的文件,再次执行命令:

```
python trainval_net.py--dataset pascal_voc--net vgg16--bs 24--lr 1e-4--cuda
```

系统再次报错,提示找不到预训练模型(pretrained\_model),详细信息如图 7-30 所示。

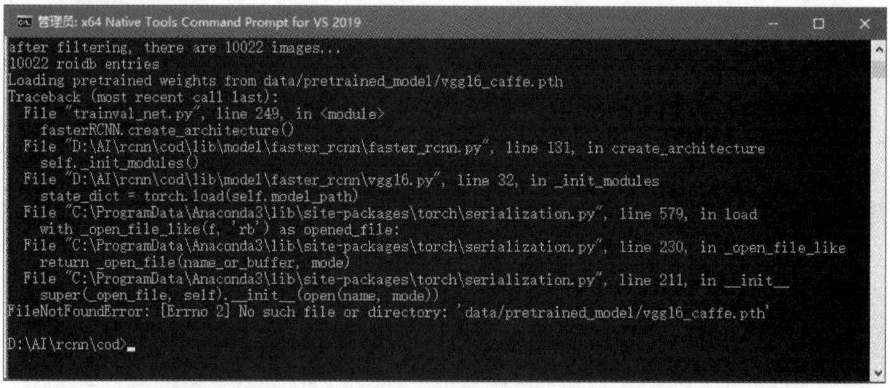

图 7-30  Faster R-CNN Python 代码 pretrained\_model 报错

图 7-30 中的信息表明报错是在 trainval\_net. py 第 249 行引发的,经过分析排查发现在代码文件 trainval\_net. py 的第 249 行前面,有预训练模型初始化模型代码,其中有 pretrained = True 语句,如图 7-31 所示。

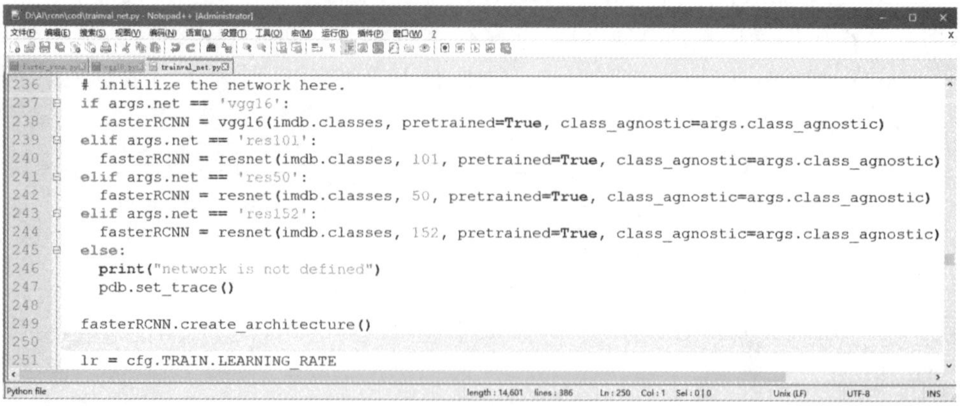

图 7-31  预训练模型初始化语句

预训练模型显然是为了加速或是优化设计的，其作用是希望每次训练都基于以前的训练进行，如果是第一次训练，没有以前的训练基础，没有预训练模型，此时有两种解决办法：下载别人的预训练模型，或者修改 pretrained = False。

vgg16 预训练模型下载地址为：https：//download. pytorch. org/models/vgg16-397923 af. pth。

下载预训练模型后，一定要同步修改 lib\model\faster_rcnn\vgg16. py 的源代码,将其中的 self. model_path = 'data/pretrained_model/vgg16_caffe. pth' 语句改为下载模型的文件路径，代码如下所示：

```
class vgg16(_fasterRCNN):
    def __init__(self, classes, pretrained = False, class_agnostic =
False):
        self.model_path = 'data/pretrained_model/vgg16_caffe.pth'  #
修改这里
        self.dout_base_model = 512
        self.pretrained = pretrained
        self.class_agnostic = class_agnostic

        _fasterRCNN.__init__(self, classes, class_agnostic)
```

本例中我们不打算改代码，而是直接将下载的预训练模型保存为 vgg16. py 源代码中的文件，即：D:/AI/rcnn/code/data/pretrained_model/vgg16_caffe. pth。

当然更简单的方法是直接关闭预训练，让 pretrained = False，自己从头开始训练，这种方式要花费更多时间，而且模型可能没有预训练的好，因此强烈推荐读者下载预训练模型。

准备好预训练模型或者修改 pretrained = False，保存修改后文件，再次执行命令：

```
python trainval_net.py--dataset pascal_voc--net vgg16--bs 24--lr 1e-
4--cuda
```

如果其他依赖库的安装都正常，系统就不会再报错，并开始使用数据集训练模型，如图 7-32 所示。

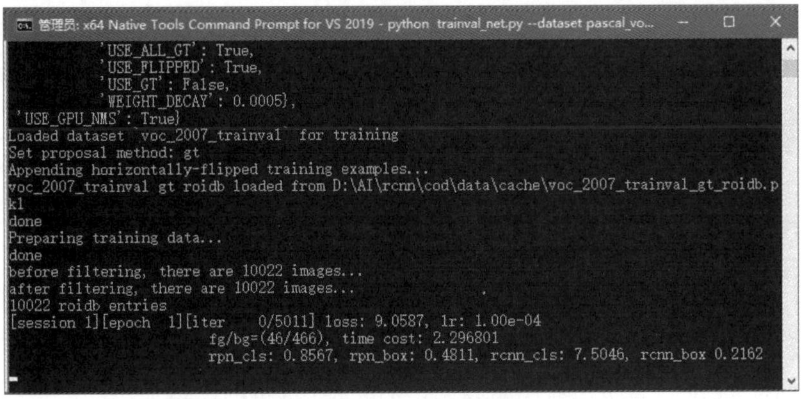

图 7-32 Faster R-CNN 开始训练模型

## 7.2.3    Faster R-CNN 模型训练和结果评估

Faster R-CNN 实现了在任意图像中检测多个目标，计算量比较大，需要较好的计算环境，如果没有 GPU 加速，普通计算机几乎无法开展实验。在设置好处理环境、准备好数据并调试好程序后就可以开展训练。启动 conda 的命令行窗口，用 cd 命令进入保存代码的目录，本例实验工作目录设定为 D：/AI/rcnn/cod，然后输入执行 python 文件的命令：

```
python trainval_net.py--dataset pascal_voc--net vgg16--bs 24--lr 1e-4--cuda
```

训练时间与计算机 GPU 性能有关，但无论如何都是需要一定时间的，一般要训练 12 个小时以上，训练结束后看到的界面如图 7-33 所示。

图 7-33    Faster R-CNN 训练结束后输出信息界面

网络模型训练成功后，可以在 D:/AI/rcnn/cod/model/vgg16/pascal_voc 目录中看到以 .pth 结尾的文件，默认文件名称为 faster_rcnn_X_X_XXXX。有了网络模型参数，就可以进行实际数据的测试。用实际数据测试首先是找任意包含可识别目标(如人、动物、交通工具、家具)的影像，然后将其放入一个目录，本例将测试数据放在 D:/AI/rcnn/dat/test/ 目录中，我们放入两张影像，内容分别如图 7-34 所示。

然后在 conda 命令行中输入命令：

```
python demo.py--net vgg16--checksession 1--checkepoch 20--check
point 5010--cuda--load_dir D:\AI\rcnn\cod\models--image_dir D:\AI\rcnn\
dat\test
```

命令执行完成后，处理结果保存在 D：/AI/rcnn/dat/test/ 目录中，结果文件名是在原先文件名后面加了_det，直接用看图工具(如 Windows 自带的图像显示功能或者 PhotoShop 等)打开观看，可见到如图 7-35 所示结果。

图 7-34　Faster R-CNN 模型测试数据内容

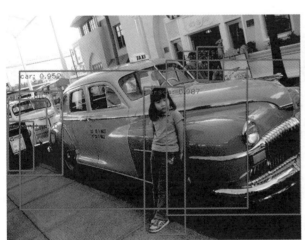

图 7-35　Faster R-CNN 模型测试结果

## 7.2.4　Faster R-CNN 模型扩展练习

通过使用 VOC2007 数据集进行 Faster R-CNN 模型训练，并用实际数据对模型进行测试的实践学习，相信读者对目标检测已经有了一定认识。为了进一步学习和体验，本节使用武汉大学发布的遥感数据集 DOTA 再次实践体验遥感影像的目标检测，数据集下载地址为：https：//captain-whu. github. io/DOTA/index. html。页面如图 7-36 所示。

DOTA 数据集是武汉大学发布的用于目标检测的遥感数据集，数据来源于高分辨率航空影像(也即从空中俯视目标)，分为 1.0、1.5 和 2.0 三个版本，标注了近 20 万个目标，包含 18 个类别，分别为：飞机(plane)、船只(ship)、储蓄罐(storage tank)、棒球内场(baseball diamond)、网球场(tennis court)、篮球场(basketball court)、田径场(ground track

191

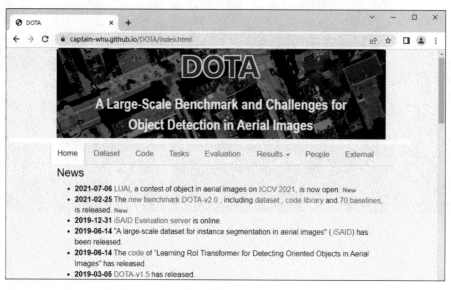

图 7-36　DOTA 数据集网页

field)、海港(harbor)、大桥(bridge)、大型车辆(large vehicle)、小型车辆(small vehicle)、直升机(helicopter)、英式足球场(roundabout)、环状交叉路口(soccer ball field)、游泳池(swimming pool)、集装箱起重机(container crane)、机场(airport)、直升机停机坪(helipad)。标注图像大小约为 800×800 到 4000×4000 之间不等，每张图像中包含多个目标，最高可达 2000 个目标，属于目标丰富的数据集。

在 DOTA 数据集页面选择 Dataset 标签进入数据下载页面，可以看到里面有三个版本的数据，特别注意：三个版本是补充关系，也就是说必须先下载 1.0 版本数据，然后下载 1.5 版本数据进行补充，如果需要 2.0 版本数据则继续下载后补充进去，推荐读者用 1.0 版本进行练习，各版本仅仅类型有增加，其他没有改变。

由于 DOTA 数据集的组织与 VOC2007 数据集的组织不一样，无法直接使用前面写好的代码直接进行训练和测试，这里有两个解决办法；第一，将 DATA 数据集转换为 VOC2007 格式，直接用前面的代码进行训练和测试；第二，选择 DOTA 数据集页面中的 Code 标签，进入页面后会看到如何使用 DOTA 进行训练和测试的代码下载地址，可以根据地址下载所有 Python 代码，然后根据所学知识设置编译环境，编译代码进行训练和测试。

这里推荐读者采用格式转换方式进行练习，格式转换的 Python 代码为：

```
# coding = utf-8

import os
import imageio
from xml.dom.minidom import Document
```

```
import numpy as np
import copy, cv2
import xml.etree.ElementTree as ET
import random

#DOTA v1.0 有 15 个类别;DOTA v1.5 有 16 个类别,
#比 DOTA v1.0 多一个 container-crane 类别
class_list = ['plane', 'baseball-diamond', 'bridge', 'ground-track-
field',
              'small-vehicle', 'large-vehicle', 'ship',
              'tennis-court', 'basketball-court',
              'storage-tank', 'soccer-ball-field',
              'roundabout', 'harbor',
              'swimming-pool', 'helicopter']

#以 XML 格式保存标记框的类别和坐标
def save_to_xml(save_path, im_width, im_height, objects_axis,
label_name, name, hbb=True):
    im_depth = 0
    object_num = len(objects_axis)
    doc = Document()

    annotation = doc.createElement('annotation')
    doc.appendChild(annotation)

    folder = doc.createElement('folder')
    folder_name = doc.createTextNode('VOC2007')
    folder.appendChild(folder_name)
    annotation.appendChild(folder)

    filename = doc.createElement('filename')
    filename_name = doc.createTextNode(name)
    filename.appendChild(filename_name)
    annotation.appendChild(filename)

    source = doc.createElement('source')
    annotation.appendChild(source)
```

```
        database = doc.createElement('database')
        database.appendChild ( doc. createTextNode ( 'The  VOC2007
Database'))
        source.appendChild(database)

        annotation_s = doc.createElement('annotation')
        annotation_s. appendChild ( doc. createTextNode ( 'PASCAL
VOC2007'))
        source.appendChild(annotation_s)

        image = doc.createElement('image')
        image.appendChild(doc.createTextNode('flickr'))
        source.appendChild(image)

        flickrid = doc.createElement('flickrid')
        flickrid.appendChild(doc.createTextNode('322409915'))
        source.appendChild(flickrid)

        owner = doc.createElement('owner')
        annotation.appendChild(owner)

        flickrid_o = doc.createElement('flickrid')
        flickrid_o.appendChild(doc.createTextNode('knautia'))
        owner.appendChild(flickrid_o)

        name_o = doc.createElement('name')
        name_o.appendChild(doc.createTextNode('yang'))
        owner.appendChild(name_o)

        size = doc.createElement('size')
        annotation.appendChild(size)
        width = doc.createElement('width')
        width.appendChild(doc.createTextNode(str(im_width)))
        height = doc.createElement('height')
        height.appendChild(doc.createTextNode(str(im_height)))
        depth = doc.createElement('depth')
        depth.appendChild(doc.createTextNode(str(im_depth)))
        size.appendChild(width)
```

```
        size.appendChild(height)
        size.appendChild(depth)
        segmented = doc.createElement('segmented')
        segmented.appendChild(doc.createTextNode('0'))
        annotation.appendChild(segmented)
        for i in range(object_num):
            objects = doc.createElement('object')
            annotation.appendChild(objects)
            object_name = doc.createElement('name')
            object_name.appendChild(doc.createTextNode(label_name
[int(objects_axis[i][-1])]))
            objects.appendChild(object_name)
            pose = doc.createElement('pose')
            pose.appendChild(doc.createTextNode('Unspecified'))
            objects.appendChild(pose)
            truncated = doc.createElement('truncated')
            truncated.appendChild(doc.createTextNode('1'))
            objects.appendChild(truncated)
            difficult = doc.createElement('difficult')
            difficult.appendChild(doc.createTextNode('0'))
            objects.appendChild(difficult)
            bndbox = doc.createElement('bndbox')
            objects.appendChild(bndbox)
            if hbb:
                x0 = doc.createElement('xmin')
                x0.appendChild(doc.createTextNode(str((objects_
axis[i][0]))))
                bndbox.appendChild(x0)
                y0 = doc.createElement('ymin')
                y0.appendChild(doc.createTextNode(str((objects_
axis[i][1]))))
                bndbox.appendChild(y0)

                x1 = doc.createElement('xmax')
                x1.appendChild(doc.createTextNode(str((objects_
axis[i][2]))))
                bndbox.appendChild(x1)
                y1 = doc.createElement('ymax')
```

```
                y1.appendChild ( doc. createTextNode ( str (( objects _
axis[i][5]) ) ) )
                bndbox.appendChild(y1)
            else：
                x0 = doc.createElement('x0')
                x0.appendChild ( doc. createTextNode ( str (( objects _
axis[i][0]) ) ) )
                bndbox.appendChild(x0)
                y0 = doc.createElement('y0')
                y0.appendChild ( doc. createTextNode ( str (( objects _
axis[i][1]) ) ) )
                bndbox.appendChild(y0)

                x1 = doc.createElement('x1')
                x1.appendChild ( doc. createTextNode ( str (( objects _
axis[i][2]) ) ) )
                bndbox.appendChild(x1)
                y1 = doc.createElement('y1')
                y1.appendChild ( doc. createTextNode ( str (( objects _
axis[i][3]) ) ) )
                bndbox.appendChild(y1)

                x2 = doc.createElement('x2')
                x2.appendChild ( doc. createTextNode ( str (( objects _
axis[i][4]) ) ) )
                bndbox.appendChild(x2)
                y2 = doc.createElement('y2')
                y2.appendChild ( doc. createTextNode ( str (( objects _
axis[i][5]) ) ) )
                bndbox.appendChild(y2)

                x3 = doc.createElement('x3')
                x3.appendChild ( doc. createTextNode ( str (( objects _
axis[i][6]) ) ) )
                bndbox.appendChild(x3)
                y3 = doc.createElement('y3')
                y3.appendChild ( doc. createTextNode ( str (( objects _
axis[i][7]) ) ) )
```

```
        bndbox.appendChild(y3)

    f = open(save_path,'w')
    f.write(doc.toprettyxml(indent = ''))
    f.close()


def custombasename(fullname):
    return os.path.basename(os.path.splitext(fullname)[0])


def GetFileFromThisRootDir(dir,ext = None):
  allfiles = []
  needExtFilter = (ext != None)
  for root,dirs,files in os.walk(dir):
    for filespath in files:
      filepath = os.path.join(root, filespath)
      extension = os.path.splitext(filepath)[1][1:]
      if needExtFilter and extension in ext:
        allfiles.append(filepath)
      elif not needExtFilter:
        allfiles.append(filepath)
  return allfiles


#清洗数据,删除不符合要求的数据
def cleandata(path, img_path, ext, label_ext):
    name = custombasename(path)   #名称
    if label_ext == '.xml':
        tree = ET.parse(path)
        root = tree.getroot()

        size=root.find('size')
        width=int(size.find('width').text)
        height=int(size.find('height').text)

        objectlist = root.findall('object')
        num = len(objectlist)

        count = 0
        count1 = 0
```

```
        minus = 0
        indx = 0
        for object in objectlist：
            difficult = int(object.find('difficult').text)

            bndbox = object.find('bndbox')
            xmin = int(bndbox.find('xmin').text)
            ymin = int(bndbox.find('ymin').text)
            xmax = int(bndbox.find('xmax').text)
            ymax = int(bndbox.find('ymax').text)

            # 目标标注越界的六种情况
            if xmin<=0 or ymin<=0 or width<=xmax or height<=ymax
or xmax<=xmin or ymax<=ymin：
                minus+=1
                print('error：% d '% indx )

            count = count1 + difficult
            count1 = count

        #不符合要求的三种情况
        if num == 0 or count == num or minus ! = 0：
            image_path = os.path.join(img_path, name + ext) #样本图
片的名称

            if os.path.exists(image_path)：
                print('remove xml:'+image_path)
                os.remove(image_path)   #移除该标注文件

            if os.path.exists(path)：
                print('remove img:'+path)
                os.remove(path)      #移除该图片文件

    def format_label(txt_list)：
        format_data = []
        for i in txt_list[2:]：  # 处理 DOTA v1.0 为 txt_list[0:];v1.5 改为
txt_list[2:]
```

```
        format_data.append(
        [int(float(xy)) for xy in i.split(' ')[:8]] + [class_list.
index(i.split(' ')[8])]
        )
        if i.split(' ')[8] not in class_list :
            print ('warning found a new label :', i.split(' ')[8])
            exit()
    return np.array(format_data)


#裁剪影像为 600 * 600
def clip_image(file_idx, image, boxes_all, width, height):
    # print ('image shape', image.shape)
    if len(boxes_all) > 0:
        shape = image.shape
        for start_h in range(0, shape[0], 256):
            for start_w in range(0, shape[1], 256):
                boxes = copy.deepcopy(boxes_all)
                box = np.zeros_like(boxes_all)
                start_h_new = start_h
                start_w_new = start_w
                if start_h + height > shape[0]:
                    start_h_new = shape[0] -height
                if start_w + width > shape[1]:
                    start_w_new = shape[1] -width
                top_left_row = max(start_h_new, 0)
                top_left_col = max(start_w_new, 0)
                bottom_right_row = min(start_h + height, shape[0])
                bottom_right_col = min(start_w + width, shape[1])

                subImage = image[top_left_row:bottom_right_row,
top_left_col: bottom_right_col]

                box[:, 0] = boxes[:, 0] -top_left_col
                box[:, 2] = boxes[:, 2] -top_left_col
                box[:, 4] = boxes[:, 4] -top_left_col
                box[:, 6] = boxes[:, 6] -top_left_col
```

```
                    box[:, 1] = boxes[:, 1] -top_left_row
                    box[:, 3] = boxes[:, 3] -top_left_row
                    box[:, 5] = boxes[:, 5] -top_left_row
                    box[:, 7] = boxes[:, 7] -top_left_row
                    box[:, 8] = boxes[:, 8]
                    center_y = 0.25 * (box[:, 1] + box[:, 3] + box[:, 5] +
box[:, 7])
                    center_x = 0.25 * (box[:, 0] + box[:, 2] + box[:, 4] +
box[:, 6])

                     cond1 = np.intersect1d(np.where(center_y[:]>= 0
)[0], np.where(center_x[:]>=0 )[0])
                     cond2 = np.intersect1d(np.where(center_y[:] <=
(bottom_right_row -top_left_row))[0],
                                          np.where(center_x[:] <=
(bottom_right_col -top_left_col))[0])
                    idx = np.intersect1d(cond1, cond2)
                    if len(idx) > 0:
                        name ="% s_% 04d_% 04d.png" % (file_idx, top_left
_row, top_left_col)
                        print(name)
                        xml = os.path.join(voc_dir, 'Annotations', "% s
_% 04d_% 04d.xml" % (file_idx, top_left_row, top_left_col))
                        save_to_xml(xml, subImage.shape[1], subImage.
shape[0], box[idx, :], class_list, str(name))
                        if subImage.shape[0] > 5 and subImage.shape
[1] >5:
                            img = os.path.join(voc_dir, 'JPEGImages', "%
s_% 04d_% 04d.jpg" % (file_idx, top_left_row, top_left_col))
                            cv2.imwrite(img, cv2.cvtColor(subImage,
cv2.COLOR_RGB2BGR))

    if __name__ == '__main__':

        print('Covert DOTA to VOC2007 format...')
        print ('class_list:', len(class_list))
        print(class_list)
```

```
bClip = 1  #是否裁切影像
bDel = 1   #是否清洗数据

#DOTA 数据目录
raw_images_dir = 'D:/AI/rcnn/dat/DOTA/images'
raw_label_dir = 'D:/AI/rcnn/dat/DOTA/labelTxt'
#转换 VOC 结果目录
voc_dir = 'D:/AI/rcnn/dat/DOTA/VOC2007'

print('DOTA 数据影像:'+raw_images_dir)
print('DOTA 数据标记:'+raw_label_dir)
print(' 转换的 VOC 目录:'+voc_dir)
if os.path.exists(voc_dir):
    print(' 转换的 VOC 目录已经存在,请修改目录名称 ')
    if bClip==1:
        exit(0)

min_length = 1e10
max_length = 1

if bClip==1:
    print('1==== clip image to 600*600 ...');
    if os.path.exists(voc_dir)==False:
        os.mkdir(voc_dir)
    if os.path.exists(voc_dir+'/JPEGImages')==False:
        os.mkdir(voc_dir+'/JPEGImages')
    if os.path.exists(voc_dir+'/Annotations')==False:
        os.mkdir(voc_dir+'/Annotations')
    images = [i for i in os.listdir(raw_images_dir) if 'png' in i]
    labels = [i for i in os.listdir(raw_label_dir) if 'txt' in i]
    print ('find image:', len(images))
    print ('find label:', len(labels))

    for idx, img in enumerate(images):
        print (idx, 'read image', img)
        img_data = imageio.imread(os.path.join(raw_images_
```

```
dir, img))

                txt_data = open(os.path.join(raw_label_dir, img.
replace('png', 'txt')), 'r').readlines()
                box = format_label(txt_data)
                clip_image(img.strip('.png'), img_data, box, 600, 600)

            print('clip image  over');

    if bDel == 1:
        print("2 ===== Remove image ...")
        img_path = os.path.join(voc_dir, 'JPEGImages')
                                    #分割后的样本集
        label_path = os.path.join(voc_dir, 'Annotations')
                                    #分割后的标签
        ext = '.jpg'   #结果图片的后缀
        label_ext = '.xml'
        label_list = GetFileFromThisRootDir(label_path)
        for path in label_list:
            cleandata(path, img_path, ext, label_ext)
        print("Remove image over.")

    print("Split data to train and val ...")
    trainval_percent = 0.8   #表示训练集和验证集(交叉验证集)所占比例
    train_percent = 0.75     # 训练集所占验证集的比例

    if os.path.exists(voc_dir+'/ImageSets')==False:
        os.mkdir(voc_dir+'/ImageSets')
    if os.path.exists(voc_dir+'/ImageSets/Main')==False:
        os.mkdir(voc_dir+'/ImageSets/Main')

    xmlfilepath = voc_dir+'/Annotations'
    txtsavepath = voc_dir+'/ImageSets/Main/'

    total_xml = os.listdir(xmlfilepath)
    num = len(total_xml)
    list = range(num)
```

```
# xml 文件中的交叉验证集数
tv = int(num * trainval_percent)
# xml 文件中的训练集数
tr = int(tv * train_percent)

trainval = random.sample(list, tv)
train = random.sample(trainval, tr)

ftrainval = open(txtsavepath+'trainval.txt', 'w')
ftest = open(txtsavepath+'test.txt', 'w')
ftrain = open(txtsavepath+'train.txt', 'w')
fval = open(txtsavepath+'val.txt', 'w')

for i in list:
    name = total_xml[i][:-4] + '\n'
    if i in trainval:
        ftrainval.write(name)
        if i in train:
            ftrain.write(name)
        else:
            fval.write(name)
    else:
        ftest.write(name)

ftrainval.close()
ftrain.close()
fval.close()
ftest.close()

print("Covert DOTA to VOC2007 format over.")
print("Please update class list to cod/lib/datasets/pascal_
voc.py.")
```

代码主要分三部分，第一部分是将影像分割为 600×600 的影像块，并将标注信息保存为 xml 格式；第二部分是删除不符合条件的影像块；第三部分是将样本分为训练集和交叉验证集。转换好格式后，在 Faster R-CNN 的代码中修改路径，然后就可以正常训练和测试，DOTA 数据集处理结果如图 7-37 所示。

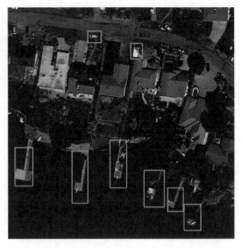

图 7-37　DOTA 数据集处理结果

## 7.3　目标识别 UNet 实践

目标识别的本质属于语义分割的范畴。语义分割是计算机视觉任务中最基础的检测方法，与分类不同，语义分割需要判断图像每个像素点的类别，进行精确分割。语义分割的目标是将图像作为输入，并经过一系列操作将像素或点按照原始数据的不同语义信息映射到不同的分组当中。一般场景图像的语义分割目标是将图像中相同语义类别的区域进行统一的分解并标注，包含背景物体(如山、水、地面等)和离散对象(如人、狗、自行车等)。语义分割要精确地区分各类背景物体，以及各类离散对象，并识别其类别，会受前景物体的角度变化、遮挡程度、个体是否完整等因素的影响，难度比较大。随着深度学习的发展，学者们使用深度神经网络(Deep Neural Network，DNN)和样本训练，实现了端对端的特征图像素级的高阶语义检测，实现图像的语义分割。

最开始的语义分割采用全卷积网络(Fully Convolutional Network，FCN)，FCN 使用一种接受任意尺寸图像输入的全卷积神经网络。没有使用传统的全连接模式，而是用全卷积代替，以达到对每个像素进行识别的效果。用加大分辨率的反卷积操作对深层图像进行上采样，为每个深层特征点进行浅层特征预测，保证了原始特征的空间不变性，细化了深层特征，产生细节较好的浅层特征。在此基础上，采用融合不同深度的跳跃结构，结合深层粗糙特征(全局语义信息)和浅层精细特征(局部位置信息)，从而将图像分类网络转变为图像分割网络。FCN 解决了以往语义分割因为像素块而带来的冗余存储和运算的缺点，从而推动了图像语义分割的快速发展。但其仍存在一些缺陷：①上采样过程不精细，对图像细化效果不好；②没有联系特征点之间的信息，不具有位置相关性；③没有有效联系特征上下文相关信息，不能充分利用空间位置信息，导致局部特征和全局特征的利用率失衡；④固定网络的感受野不能自适应物体尺寸。因此，研究人员在 FCN 的基础上，提出一系列图像语义分割方法，其中 UNet 就是一种简单而又有效的方法。

### 7.3.1 UNet 概述

UNet 的模型结构如图 7-38 所示，由于网络结构对称且形状类似于字母"U"，因此被称为 UNet，模型主要由收缩路径（Contracting-path）、扩张路径（Expanding-path）和跳跃连接（Skip-connection）三个部分组成。

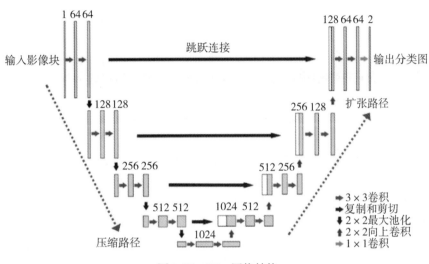

图 7-38 UNet 网络结构

收缩路径是普通的 CNN 结构，由卷积层和池化层组成，也被称为下采样路径。UNet 的收缩路径由四个相同的模块构成，每个模块包含两个 3×3 的卷积层和一个 2×2 的最大池化层。收缩路径每进行一次池化操作，特征图的尺寸减半，通道数翻倍。

扩张路径也被称为上采样路径，通过上采样技术尽可能地恢复特征图的分辨率。扩张路径与收缩路径完全对称，也由四个相同的模块组成，每个模块包含一个 2×2 的反卷积层和两个 3×3 的卷积层。每进行一次反卷积，特征图尺寸扩大一倍，通道数减半。

跳跃连接将扩张路径中的抽象特征图与对应收缩路径中的浅层特征图进行拼接，使扩张路径中的深层卷积获得更丰富的图像细节信息。经典的 UNet 模型实现了对细胞图像的分割，属于二分类任务，因此在网络的最后一层连接一个通道数为 2 的 1×1 卷积层，用来输出分类结果。

收缩路径和扩张路径层层对应的操作，使得 UNet 模型拥有完美的对称结构。UNet 模型下采样的过程也是对输入图像进行特征编码的过程，通过对图像空间信息进行压缩，保留输入图像最显著的特征信息。UNet 模型上采样的过程则是一个尽可能还原特征图分辨率的解码过程，因此 UNet 结构也被称为是典型的编码-解码网络。与其他 CNN 模型不同，UNet 模型拥有更深的网络结构和更丰富的上采样层，可以提取到图像丰富的细节特征，并且 UNet 模型允许网络依赖少量的训练集就可以实现对图像的准确分割，因此非常适用于遥感影像分割。

## 7.3.2　UNet 代码编写和数据准备

为了方便实验，本例拟在 D 盘中建立主目录 AI，再建立子目录 unet，我们将 UNet 实验所有数据和代码都放在 D：/AI/unet 目录中，其中代码放在 cod 子目录中，训练数据集放在 dat 子目录中。

**1. 基本环境搭建**

首先安装支持 GPU 加速的 PyTorch，具体安装方法请参见 6.2.1 节"PyTorch 环境搭建"。其中需要特别注意的是一定要确认显卡驱动的 Cuda 版本，在安装 PyTorch 的时候，选择对应的 Cuda 版本号。如果无法确认显卡驱动的 Cuda 版本，最简单的方法是前往 nVidia 官网，重新下载并安装显卡驱动，同时记录所安装的版本号。然后，再前往 PyTorch 官网，在安装推荐中选择对应的 Cuda 版本，在命令行中输入推荐的 conda 命令进行安装。

除了配置 PyTorch 环境，UNet 网络还需要安装如下依赖包：

1）Tqdm（进度条）

Tqdm 是 Python 中的进度条显示库，可以在 Python 循环中添加一个进度提示信息，可以封装任意的迭代器，是一个快速、扩展性强的进度条工具库。

Tqdm 进度条可以使用命令行辅助工具 conda 进行安装，安装命令为：

```
conda install tqdm
```

2）Matplotlib（绘图包）

Matplotlib 是 Python 的绘图库，它能让使用者很轻松地将数据图形化，并且提供多样化的输出格式。Matplotlib 可以用来绘制各种静态、动态、交互式的图表。Matplotlib 是一个非常强大的 Python 画图工具，使用该工具可以将很多数据通过图表的形式更直观地呈现出来。

Matplotlib 绘图包可以使用命令行辅助工具 conda 进行安装，安装命令为：

```
conda install matplotlib
```

3）TensorBoard（可视化）

TensorBoard 可以在 Web 上展示训练数据、评估数据、网络结构、图像等，对于观察分析神经网络处理过程、处理结果非常有帮助。

如果安装了 TensorFlow 就自动具有 TensorBoard 的功能，否则需要使用命令行辅助工具 conda 进行安装，安装命令为：

```
conda install tensorboard
```

**2. 数据准备**

UNet 网络的最大特点是可以对目标进行识别，这里使用武汉大学季顺平课题组提供的 WHU Building Datasat-Aerial imagery dataset 数据集作为训练数据，数据集下载地址：https：//study. rsgis. whu. edu. cn/pages/download/building_dataset. html。下载页面如图 7-39 所示。

该数据集标注了 187000 个建筑物样本，像元地面分解率约为 30cm，是相当不错的遥感数据集。数据集由三部分组成，分别为训练集"trian"、验证集"val"和测试集"test"，每

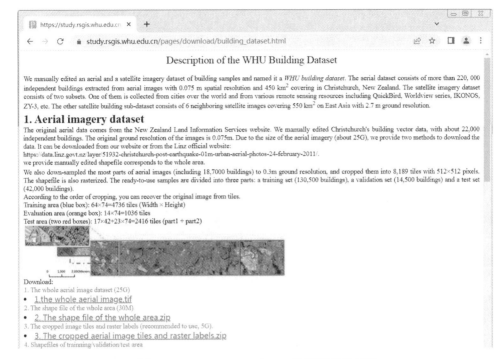

图 7-39 Aerial imagery dataset 数据集下载页面

部分结构是一样的，都由原始影像"image"和标注"Label"组成，原始影像"image"是 512×512 的图片，而标注"Label"是将目标涂为白色的一个掩膜图片，具体如图 7-40 所示。

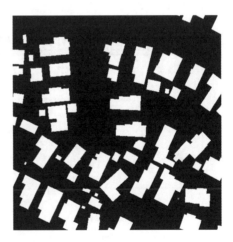

图 7-40 Aerial imagery dataset 数据集的影像与标注

数据下载完成后，我们将数据解压到设定的 UNet 工作目录的数据子目录 D：/AI/unet/dat/whubd 中，如图 7-41 所示。

图 7-41 准备好的 Aerial imagery dataset 数据集

**3. 代码编写与编译**

根据 UNet 概述的介绍，可以自己设计网络模型，并编写代码实现其功能。不过自己编写所有代码，工作量有点大，我们可以在 github 上下载已有代码，然后根据自己的实际情况进行修改，这样比较高效和方便。本例拟直接下载 Milesial 提供的 UNet 代码进行修改，下载地址为：https：//github. com/milesial/PyTorch-UNet/tree/v1.0。下载页面如图 7-42 所示。

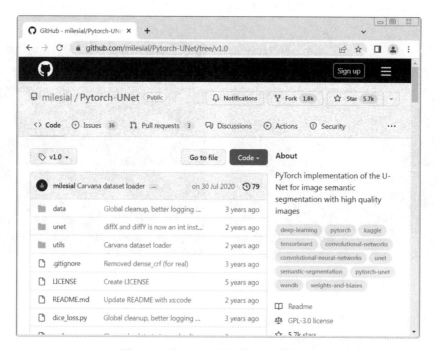

图 7-42 从 github 上下载 UNet 的页面

在图 7-42 所示页面中,可以直接选择 Code 下载压缩包,下载完成后,将文件解压到 UNet 工作目录的代码子目录 D:/AI/unet/cod 中,就可以看到如图 7-43 所示的代码文件。

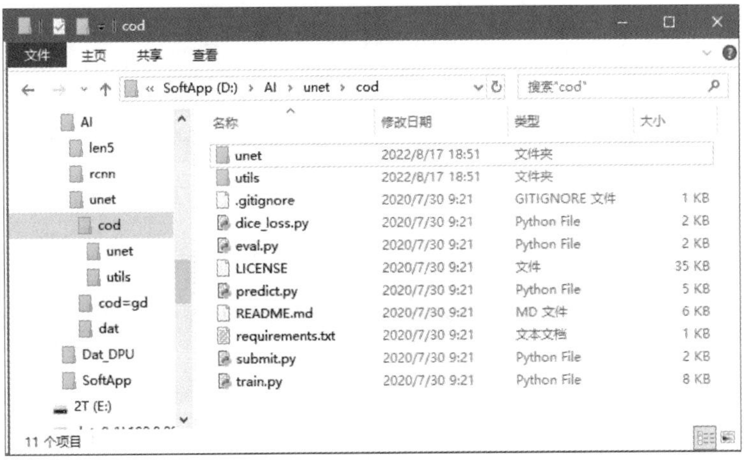

图 7-43　UNet 代码文件

在代码文件目录中,unet 子目录保存的是网络模型源代码,需要根据实际情况进行修改。utils 子目录用于保存载入数据集相关代码。在代码目录中,train.py 文件是训练运行的主程序,也是我们需要重点阅读和修改的程序代码。predict.py 文件是测试运行的主程序,通过 predict.py 程序,可以对目标影像进行目标识别,这个也是我们重点阅读和修改的程序代码。此外代码中的 README.md 是所有代码的说明文件,对于我们来说相当重要,只有认真阅读文件内容才能了解所有代码的功能和关系。

在 unet 子目录中我们可以找到 unet_model.py 文件,这个就是 unet 网络模型代码,将文件打开后,里面的内容为:

```
import torch.nn.functional as F
from .unet_parts import *

class UNet(nn.Module):
    def __init__(self, n_channels, n_classes, bilinear=True):
        super(UNet, self).__init__()
        self.n_channels = n_channels
        self.n_classes = n_classes
        self.bilinear = bilinear

        self.inc = DoubleConv(n_channels, 64)
        self.down1 = Down(64, 128)
        self.down2 = Down(128, 256)
        self.down3 = Down(256, 512)
```

209

```
        factor = 2 if bilinear else 1
        self.down4 = Down(512, 1024 // factor)
        self.up1 = Up(1024, 512 // factor, bilinear)
        self.up2 = Up(512, 256 // factor, bilinear)
        self.up3 = Up(256, 128 // factor, bilinear)
        self.up4 = Up(128, 64, bilinear)
        self.outc = OutConv(64, n_classes)

    def forward(self, x):
        x1 = self.inc(x)
        x2 = self.down1(x1)
        x3 = self.down2(x2)
        x4 = self.down3(x3)
        x5 = self.down4(x4)
        x = self.up1(x5, x4)
        x = self.up2(x, x3)
        x = self.up3(x, x2)
        x = self.up4(x, x1)
        logits = self.outc(x)
        return logits
```

　　根据前面介绍的 PyTorch 框架知识，这个模型的代码相当简洁，没有什么地方需要修改，我们仅需要理解模型就可以了。下面看看训练主程序 train. py 的代码，打开后前面的内容为：

```
import argparse
import logging
import os
import sys
import numpy as np
import torch
import torch.nn as nn
from torch import optim
from tqdm import tqdm

from eval import eval_net
from unet import UNet

from torch.utils.tensorboard import SummaryWriter
from utils.dataset import BasicDataset
```

```
from torch.utils.data import DataLoader, random_split
```

dir_img = 'data/imgs/' #改为 *dir_img = D:/AI/unet/dat/whubd/train/image/*

dir_mask = 'data/masks/' #改为 *dir_mask = Dy:/AI/unet/dat/whubd/train/label/*

```
dir_checkpoint = 'checkpoints/'
...
```

这部分代码里面有原始影像目录 'data/imgs/' 和标注数据目录 'data/masks/'，我们准备的数据实际存放的位置分别为"D：/AI/unet/dat/whubd/train/image/""D：/AI/unet/dat/whubd/train/label/"。

因此我们需要将源代码中相关变量修改为数据实际保存位置的字符串。最后一个变量 dir_checkpoint 保存的是训练模型结果，我们可以直接使用，理解并记下位置即可。后面的代码主要就是循环载入数据、调用模型训练、解析运行参数等，根据前面讲的 Python 语法，应该不难理解，读者可以根据自己的需要修改这些代码，也可以不修改。

修改好训练代码后，我们再来看看测试的代码 predict.py，打开文件后，前面的内容为：

```
import argparse
import logging
import os

import numpy as np
import torch
import torch.nn.functional as F
from PIL import Image
from torchvision import transforms

from unet import UNet
from utils.data_vis import plot_img_and_mask
from utils.dataset import BasicDataset

def predict_img( net,
            full_img,
            device,
            scale_factor=1,
            out_threshold=0.5):
    net.eval()
    img = torch.from_numpy( BasicDataset. preprocess( full_img,
```

scale_factor))

```
        img = img.unsqueeze(0)
        img = img.to(device=device, dtype=torch.float32)
```

通过阅读代码，可以看到测试代码写得非常灵活，运行使用的数据都是通过运行参数的方式传入的，根本不用修改代码。

通过阅读源代码和 README. md 的内容，我们可以将 UNet 程序使用方法总结如下。

开始训练的命令是：

```
python  train.py  -e k-l lr-b bs-f inM -s sc -v vs
```

-e：指定训练第 $k$ 个 epoch，是可选参数；

-l：指定训练学习率，是可选参数；

-b：指定训练批样本数量，是可选参数；

-f：指定训练初始化模型，是可选参数；

-s：指定降采样因子，是可选参数；

-v：验证数据百分比，是可选参数。

用于测试模型的命令是：

```
python predict.py -m '模型参数文件' -i '待处理影像' -o '处理结果影像'
```

-m：指定使用的训练模型参数文件；

-i：指定待处理影像文件；

-o：指定处理结果影像。

为了确认 UNet 的 Python 代码是否存在兼容性问题和依赖库是否都已经安装，最简单的方法就是执行 Python 程序，程序有任何问题都会提示出来。先尝试执行训练程序，在命令行中输入命令：

```
python train.py
```

如果一切依赖库的安装都正常，系统就开始训练，提示信息如图 7-44 所示。

图 7-44　UNet 开始训练界面

### 7.3.3 UNet 模型训练和结果评估

UNet 主要实现了在任意图像中单个目标的识别，具有中等计算量，在没有 GPU 加速的情况下也可以运行，不过需要更长的时间，但不会像 Faster R-CNN 那样完全等不到结果。在设置好处理环境、准备好数据并调试好程序后就可以开展训练。启动 conda 的命令行窗口，用 cd 命令进入保存代码的目录，本例实验工作目录设定为 D：/AI/unet/cod，然后输入执行 python 文件的命令：

```
python train.py
```

训练时间与计算机的 GPU 性能有关，但无论如何都是需要一定时间的，在 GPU 加速的情况下一般要训练 2 个小时以上，训练结束后看到的界面如图 7-45 所示。

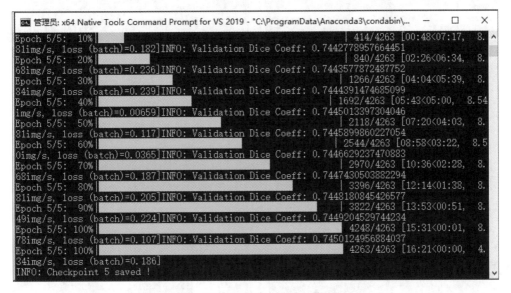

图 7-45　UNet 训练结束后输出信息界面

网络模型训练成功后，可以在 D：/AI/unet/cod/checkpoints 目录中看到以.pth 结尾的文件，默认文件名称为 CP_epochX.pth，其中 X 为训练次数。本例中我们训练了 5 次，因此有 5 个模型文件。有了网络模型参数，就可以进行实际数据的测试。用实际数据测试的过程比较简单，先找包含有建筑物的遥感影像，将其保存到本地目录中（如 D：/AI/unet/dat/whubd/test/），并记住文件名，本例我们放入文件名称分别为 2_998.JPG 和 2_999.JPG 的两张影像，内容分别如图 7-46 所示。

前面讲过，UNet 测试程序的执行命令为：

```
python  predict.py -m '模型参数文件' -i '待处理影像' -o '处理结果影像'
```

测试程序一次处理一张影像，因此我们需要输入两次命令进行测试。我们拟用第 5 次训练的结果作为模型参数文件，处理结果为影像名称加上_msk，两次处理的命令行分别为：

图 7-46　UNet 测试数据的内容

```
python predict.py-m'E:\AI \unet \cod \checkpoints \CP_epoch5.pth'
-i  'E:\AI \unet \dat \whubd \test \2_998.JPG'-o 'E:\AI \unet \dat \whubd \
test \2_998_msk.JPG'
```

```
ython predict.py-m'E:\AI \unet \cod \checkpoints \CP_epoch5.pth'
-i  'E:\AI \unet \dat \whubd \test \2_999.JPG' -o 'E:\AI \unet \dat \whubd \
test \2_999_msk.JPG'
```

处理结果如图 7-47 所示。

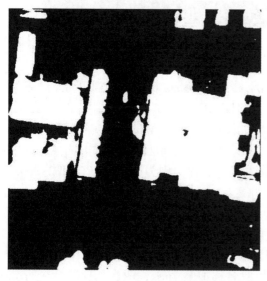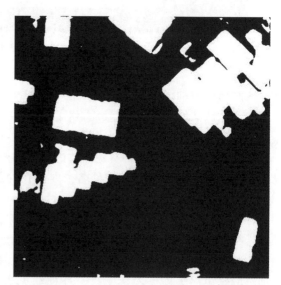

图 7-47　UNet 模型测试结果

除了通过测试影像进行结果评估外，也可以使用 TensorBoard 对处理过程进行分析，UNet 模型运行过程中，已经将处理过程信息保存在 log 目录中，过程信息是通过 TensorBoard 模块写出的，因此可以使用 TensorBoard 显示界面进行分析，TensorBoard 显示信息的命令格式是：

`tensorboard--logdir`"过程信息目录"

本例中，输入命令 tensorboard 后，提示信息如图 7-48 所示。

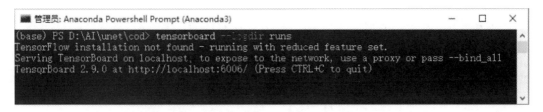

图 7-48　调用 TensorBoard 展示 UNet 过程的命令

根据提示信息，打开网络浏览器，并在地址栏中输入"http://localhost:6006/"，即可看到 TensorBoard 的信息分析界面，如图 7-49 所示。

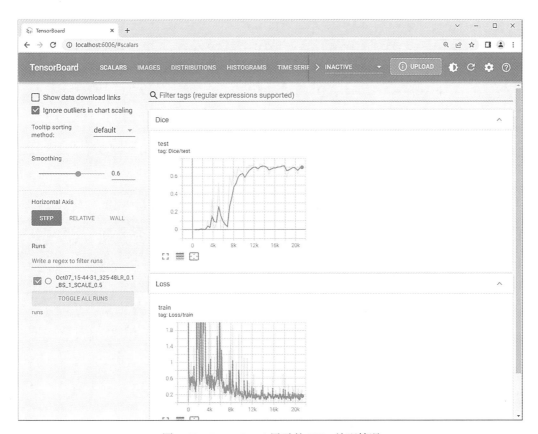

图 7-49　TensorBoard 展示的 UNet 处理情况

　　至此，已介绍完遥感影像目标分类、检测与识别的基本过程。如果读者学习完本教程后能实现以上全部过程，应该已经对如何利用机器学习技术进行遥感影像处理有了基本认识，掌握了基本流程。接下来，读者就可以深入地学习机器学习的数学理论、神经网络理论等，并开始构造自己的卷积神经网络，解决遥感影像处理中的各种难题。

# 参 考 文 献

[1] 张祖勋，张剑清．数字摄影测量学[M]．2版．武汉：武汉大学出版社，2012.

[2] 张剑清，潘励，王树根．摄影测量学[M]．2版．武汉：武汉大学出版社，2009.

[3] 张永军，张祖勋，龚健雅．天空地多源遥感数据的广义摄影测量学[J]．测绘学报，2021，50(1).

[4] 张永军，万一，史文中，等．多源卫星影像的摄影测量遥感智能处理技术框架与初步实践[J]．测绘学报，2021，50(8)：1068-1083.

[5] 贾永红．数字图像处理[M]．武汉：武汉大学出版社，2010.

[6] 龚健雅，许越，胡翔云，等．遥感影像智能解译样本库现状与研究[J]．测绘学报，2021，50(8)：1013-1022.

[7] 季顺平．智能摄影测量学导论[M]．北京：科学出版社，2018.

[8] 叶韵．深度学习与计算机视觉：算法原理、框架应用与代码实现[M]．北京：机械工业出版社，2017.

[9] 马颂德，张正友．计算机视觉：计算理论与算法基础[M]．北京：科学出版社，1998.

[10] LeCun Y, Bottou L, Bengio Y, et al. Gradient-based learning applied to document recognition[J]. Proceedings of the IEEE, 1998, 86(11): 2278-2324.

[11] Hinton G E, Osindero S, Teh Y W. A fast learning algorithm for deep belief nets[J]. Neural computation, 2006, 18(7): 1527-1554.

[12] Krizhevsky A, Sutskever I, Hinton G E. Imagenet classification with deep convolutional neural networks [C]//Advances in neural information processing systems, 2012: 1097-1105.

[13] Ronneberger O, Fischer P, Brox T. U-Net: Convolutional Networks for Biomedical Image Segmentation[J]. Springer International Publishing, 2015.

[14] 王海军．深度卷积神经网络在遥感影像分类中的应用研究[D]．北京：中国地质大学（北京），2018.

[15] 高震宇．基于深度卷积神经网络的图像分类方法研究及应用[D]．合肥：中国科学技术大学，2018.

[16] 鲍松泽．基于深度卷积神经网络的光学遥感影像船只目标检测技术研究[D]．北京：中国科学院大学，2020.

[17] 梁天智．基于 Faster R-CNN 的遥感影像分类研究[D]．广州：广东工业大学，2019.

[18] 龚希．基于迁移特征的高分辨率遥感影像场景分类方法研究[D]．武汉：中国地质大学（武汉），2021.

［19］张家祥．基于深度学习的高分辨率遥感影像道路信息提取研究［D］．成都：成都理工大学，2020.

［20］杨小飞．基于多源遥感数据的城市目标智能识别方法研究［D］．哈尔滨：哈尔滨工业大学，2019.

［21］陈海林．基于改进 Faster R-CNN 算法的绝缘子破损检测研究［D］．石家庄：石家庄铁道大学，2021

［22］Krizhevsky A，Hinton G. Learning multiple layers of features from tiny images［J］. Handbook of Systemic Autoimmune Diseases，2009，1(4).

［23］Xia G S，Bai X，Ding J，et al. DOTA：A Large-scale Dataset for Object Detection in Aerial Images［J］. IEEE，2018.

［24］Ding J，Xue N，Long Y，et al. Learning RoI Transformer for Oriented Object Detection in Aerial Images［C］. 2019 IEEE/CVF Conference on Computer Vision and Pattern Recognition（CVPR）. IEEE，2020.

［25］Shunping J，Shiqing W，Meng L. Fully Convolutional Networks for Multi-Source Building Extraction from an Open Aerial and Satellite Imagery Dataset［J］. IEEE Transactions on Geoscience and Remote Sensing，2018.